养生杂粮坚果粥

主　编　陈志田

江西科学技术出版社

图书在版编目（CIP）数据

养生杂粮坚果粥 / 陈志田主编. -- 南昌 : 江西科学技术出版社, 2014.1（2020.8重印）

ISBN 978-7-5390-4891-8

Ⅰ.①养… Ⅱ.①陈… Ⅲ.①杂粮—粥—食物养生—食谱②坚果—粥—食物养生—食谱 Ⅳ.①TS972.137

中国版本图书馆CIP数据核字(2013)第283171号

国际互联网（Internet）地址：

http：//www.jxkjcbs.com

选题序号：ZK2013151

图书代码：D13044-102

养生杂粮坚果粥 陈志田主编

YANGSHENG ZALIANG JIANGUOZHOU

出　　版　江西科学技术出版社

社　　址　南昌市蓼洲街2号附1号

邮编：330009　电话：（0791）86623491　86639342（传真）

印　　刷　永清县晔盛亚胶印有限公司

项目统筹　陈小华

责任印务　夏至寰

设　　计　松雪图文 SONGXUE TUWEN　王进

经　　销　各地新华书店

开　　本　787mm × 1092mm　1/16

字　　数　128千字

印　　张　16

版　　次　2014年1月第1版　2020年8月第2次印刷

书　　号　ISBN 978-7-5390-4891-8

定　　价　49.00元

赣版权登字号-03-2013-186

目录
CONTENTS

Part 1 杂粮粥

Part 2 坚果粥

Part 3 家常养生粥

Part 4 最适宜以粥调养的病症

Part 5 清粥小菜

杂粮粥

Za Liang Zhou

●五谷杂粮是人们日常饮食的基础，是最天然的健康食品。杂粮富含多种营养素，如糖类、蛋白质、脂肪、维生素A、B族维生素、维生素C、维生素E、钙、钾、铁，以及不饱和脂肪酸等。而用杂粮作为原料煮出来的粥，也就称为杂粮粥。杂粮粥作为人们日常主食之一，对人体有很大的补益作用，也越来越深受人们的喜爱。本章将为大家介绍各种杂粮知识以及许多款杂粮粥的制作。

小米是粟脱壳制成的粮食，因其粒小，直径1毫米左右，故得名。原产于中国北方黄河流域，是中国古代的主要粮食作物。每100克小米含蛋白质9.7克，脂肪1.7克，碳水化合物76.1克，胡萝卜素0.12毫克。此外还有铁、钙、钾、维生素A、维生素D、维生素C和维生素B_{12}等营养物质。

相宜搭配及功效

小米＋红枣 ▶ 开胃、养颜
小米＋黄豆 ▶ 健脾和胃
小米＋绿豆 ▶ 营养成分互补
小米＋桂圆 ▶ 补血养心

相克搭配及原因

小米＋杏仁 ▶ 呕吐、腹泻
小米＋虾皮 ▶ 恶心、呕吐
小米＋小麦 ▶ 对脾胃不好

养生功效

①**促进消化：**小米中的淀粉可以增强小肠吸收，帮助消化。
②**补血养颜：**小米中含有的铁质具有补血功能，使产妇虚寒的体质得到调养，帮助她们恢复体力，还能减少皱纹、色素沉着，淡化色斑等。
③**宁心安神：**小米的芽中含有大量酶，不仅能健胃消食，还能起到宁心安神的功效。
④**预防口舌生疮：**小米中富含维生素B_1、维生素B_{12}等成分，能有效防止消化不良，以及口角生疮。

小米红枣粥

材料 红枣10颗，柏子仁15克，小米100克

调料 白糖少许

做法

①红枣、小米洗净，分别放入碗内，泡发；柏子仁洗净备用。②砂锅洗净，置于火上，将红枣、柏子仁放入砂锅内，加清水煮熟后转入小火。③最后加入小米，共煮成粥，至黏稠时，加入白糖，搅拌均匀即可。

煮粥技巧

将红枣洗净，用小刀在其表皮划出直纹来，烹饪起来味道更鲜美。

鸡蛋小米粥

●材料　阿胶粉2勺，牛奶50克，鸡蛋1个，小米100克

●调料　白糖5克，葱花少许

●做法

①小米洗净，浸泡片刻；鸡蛋煮熟后切碎。②锅置火上，注入清水，放入小米，煮至八成熟。③加入牛奶、阿胶粉，煮成粥，再放入鸡蛋，加白糖调匀，撒上葱花即可。

鸡蛋煮、蒸较好，并注意宜嫩不宜老，这样容易消化吸收。

石决明小米瘦肉粥

●材料　石决明10克，小米80克，瘦肉150克

●调料　盐3克，姜丝10克，葱花少许

●做法

①瘦肉洗净切小块，用料酒腌渍；小米淘净；石决明洗净。②油锅烧热，爆香姜丝，放入瘦肉过油，捞出；锅中加水烧开，下小米、石决明，旺火煮沸，转中火熬煮。③慢火将粥熬出香味，再下入瘦肉煲5分钟，加盐调味，撒上葱花即可。

煮粥技巧

选择新鲜的小米，不能是陈米，否则煮出来的粥口感不佳。

稻谷脱壳后仍保留着一些外层组织的米叫作糙米，糙米是相对于精白米而言的。糙米别名胚芽米、玄米。每100克糙米中含有蛋白质7.9克，脂肪2.6克，碳水化合物75.6克，膳食纤维1.2克，维生素E0.5毫克，此外还含有维生素A、钙、铁、镁、磷等营养物质。

相宜搭配及功效

糙米＋枸杞 ▶ 补肾养阴
糙米＋南瓜 ▶ 美容养颜
糙米＋胡萝卜 ▶ 保护视力
糙米＋瘦肉 ▶ 强身健体

相克搭配及原因

糙米＋鸡蛋 ▶ 影响营养价值
糙米＋香蕉 ▶ 破坏营养

养生功效

①缓解便秘：糙米含有的膳食纤维可促进肠道有益菌增殖，加速肠道蠕动，缓解便秘。
②降低血脂：糙米含有的膳食纤维还能与胆汁中的胆固醇结合，促进胆固醇的排除，进而帮助患有高脂血症的老年人降低血脂。
③促进血液循环：糙米胚芽中含有丰富的维生素E，能促进全身血液循环，维护全身机能。

青豆糙米粥

●材料　青豆30克，糙米80克

●调料　盐2克

●做法

①糙米泡发洗净；青豆仁洗净。②锅置火上，倒入清水，放入糙米、青豆煮开。③待煮至浓稠状时，调入盐拌匀即可。

煮粥技巧

此粥宜用大火熬煮，这样才能使粥的口感更佳。

糙米土豆粥

●材料　糙米30克，土豆50克

●调料　盐2克

●做法

①将糙米淘洗干净，泡水2小时后捞出，沥干备用。②土豆洗净，去皮后洗净切丁。③将糙米和土豆丁一起放入电饭锅中加水煮熟，最后调入适量盐即可食用。

土豆切丁后最好放入冷水中浸泡片刻，再捞出放入锅中煮。

糙米花生粥

●材料　糙米150克，花生米50克

●调料　盐少许

●做法

①糙米、花生米均洗净，泡发15分钟，倒入搅拌机中搅碎。②电饭锅注水烧热，将磨好的糙米、花生米倒入锅中煮熟。③加盐调味即可。

花生米泡发后最好去皮再煮粥，否则影响此粥的口感。

糯米为禾本科植物糯稻的种仁，又称江米、元米。是大米的一种，米质呈蜡白色不透明或透明状，是大米中黏性最强的。每100克糯米中含有碳水化合物78.3克，脂肪1克，蛋白质7.3克，纤维素0.8克，维生素E1.29毫克，此外还含有镁、钙、铁、锌、铜、锰等营养物质。

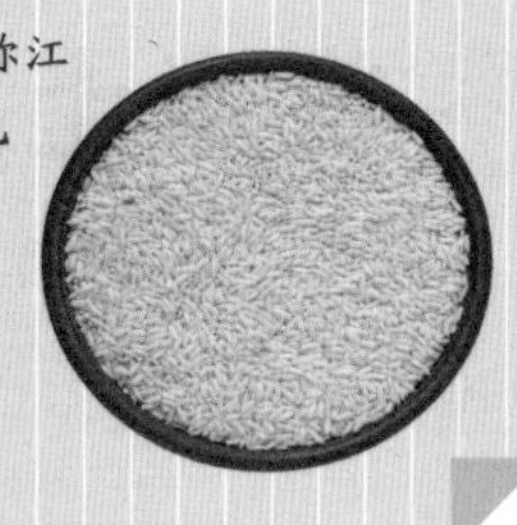

相宜搭配及功效

糯米+红枣 ▶ 温中祛寒

糯米+红豆 ▶ 治脾虚腹泻和水肿

糯米+黑芝麻 ▶ 补脾胃、益肝肾

糯米+板栗 ▶ 补中益气

相克搭配及原因

糯米+鸡肉 ▶ 可致胃肠不适

糯米+苹果 ▶ 导致恶心、呕吐

糯米+花生 ▶ 引起便秘

养生功效

①防癌抗癌：糯米中富含B族维生素，除了能改善面色，还能有效预防癌症。

②保护心脏：糯米中含有的蛋白质、脂肪，能有效降低胆固醇，减少心脏病、脑卒中发作。

③降低血糖：糯米中含有的烟酸可改善糖的代谢功能，起到降低血糖的功效。

④养颜护肤：糯米中含有的钙、磷等元素，适用于气血虚损、身体瘦弱者食用，尤其对女性能起到很好的补血养颜作用。

莲藕糯米甜粥

●材料 鲜藕、花生、红枣各15克，糯米90克

●调料 白糖6克

●做法

①糯米泡发洗净；莲藕洗净，切片；花生洗净；红枣去核洗净。②锅置火上，注入清水，放入糯米、藕片、花生、红枣，用大火煮至米粒完全绽开。③改用小火煮至粥成，加入白糖调味即可。

煮粥技巧

将莲藕切薄一点更易煮熟。

红枣羊肉糯米粥

●材料 红枣25克，羊肉50克，糯米150克

●调料 姜末5克，葱白3克，盐2克，味精2克，葱花适量

●做法

①红枣洗净，去核备用；羊肉洗净，切片，用开水汆烫，捞出；糯米淘净，泡好。②锅中添适量清水，下入糯米大火煮开，下入羊肉、红枣、姜末，转中火熬煮。改小火，下入葱白，待粥熬出香味，加盐、味精调味，撒入葱花即可。

煮粥技巧

红枣去核后可切碎再煮，可使此粥口感更佳。

鲫鱼百合糯米粥

●材料 糯米80克，鲫鱼50克，百合20克

●调料 盐3克，味精2克，料酒、姜丝、芝麻油、葱花适量

●做法

①糯米洗净，用清水浸泡；鲫鱼洗净后切片，用料酒腌渍去腥；百合洗去杂质，削去黑色边缘。②锅置火上，放入糯米，加适量清水煮至五成熟。③放入鱼肉、姜丝、百合煮至粥将成，加盐、味精、芝麻油调匀，撒上葱花便成。

煮粥技巧

用新鲜的鲫鱼肉煮粥更美味。

薏米为禾本科植物薏苡的种仁，又名薏苡仁、药玉米。薏米在我国栽培历史悠久，是我国古老的药、食皆佳的粮种之一。每100克薏米中含有蛋白质12.8克，脂肪3.3克，碳水化合物71.1克，膳食纤维2克，钾238毫克，磷217毫克，此外还含有锌、铁、镁、钙等营养物质。

相宜搭配及功效

薏米+粳米 ▶ 补脾除湿
薏米+白糖 ▶ 治疗粉刺
薏米+枇杷 ▶ 清肺散热
薏米+山楂 ▶ 健美减肥

相克搭配及原因

薏米+杏仁 ▶ 引起呕吐、泄泻
薏米+红豆 ▶ 引起呕吐、泄泻
薏米+大米 ▶ 影响营养功效

养生功效

①滋润肌肤，告别斑点：薏米中所含的蛋白质能有效分解酵素，使皮肤角质软化；薏米含有的维生素E有抗氧化作用，具有治疣平痘、淡斑美白等功效。

②防治高血压：薏米可起到扩张血管和降低血糖的作用，尤其是对高血压、高血糖有特殊功效。

③镇痛解热，除风湿：薏米具有镇静、镇痛及解热作用，对风湿痹痛患者有良效。

百合桂圆薏米粥

材料 百合、桂圆肉各25克，薏米100克

调料 白糖5克，葱花少许

做法

①薏米洗净，放入清水中浸泡；百合、桂圆肉洗净。②锅置火上，放入薏米，加适量清水煮至粥将成。③放入百合、桂圆肉煮至米烂，加白糖稍煮后调匀，撒葱花便可。

煮粥技巧

选择新鲜的桂圆煮粥，味道更好。

薏米瘦肉冬瓜粥

●材料　薏米80克，瘦猪肉、冬瓜各适量

●调料　盐2克，料酒5克，葱8克

●做法

①薏米泡发洗净；冬瓜去皮洗净，切丁；瘦猪肉洗净，切丝；葱洗净，切花。②锅置火上，倒入清水，放入薏米，以大火煮至开花。③再加入冬瓜煮至浓稠状，下入猪肉丝煮至熟后，调入盐、料酒拌匀，撒上葱花即可。

煮粥技巧

此粥可加点陈皮同煮，以增加味道。

皮蛋瘦肉薏米粥

●材料　皮蛋1个，瘦肉30克，薏米50克，大米80克，枸杞少许

●调料　盐3克，味精2克，芝麻油、胡椒粉、葱花适量

●做法

①大米、薏米洗净，放入清水中浸泡；皮蛋去壳，洗净切丁；瘦肉洗净切小块。②锅置火上，注入清水，放入大米、薏米煮至略带黏稠状。③再放入皮蛋、瘦肉、枸杞煮至粥将成，加盐、味精、芝麻油、胡椒粉调匀，撒上葱花即可。

煮粥技巧

将皮蛋放在手掌中掂量一下，动静大的品质好。

黑米为禾本科植物黑糯稻的种仁，是稻米中的珍贵品种。黑米外表墨黑，营养丰富，有“黑珍珠”和“世界米中之王”的美誉。每100克黑米中含有蛋白质9.4克，脂肪2.5克，碳水化合物72.2克，膳食纤维3.9克，硫胺素0.33毫克，此外还有核黄素、烟酸、维生素E、钙、磷、钾、钠、镁、铁、锌、硒等营养物质。

相宜搭配及功效

黑米+大米 ▸ 开胃益中、明目
黑米+生姜 ▸ 降胃火
黑米+红豆 ▸ 气血双补
黑米+绿豆 ▸ 健脾胃、祛暑热

相克搭配及原因

黑米+鸡蛋 ▸ 影响营养价值
黑米+四环素 ▸ 形成不溶物

养生功效

①**预防便秘**：黑米中含有丰富的膳食纤维，可以促进肠胃蠕动，预防便秘。
②**抗衰老**：黑米外皮层中含有花青素类色素，这种色素本身具有很强的抗衰老作用。
③**预防动脉硬化**：黑米外皮层中的花青素类色素中还富含黄酮活性物质，含量是白米的5倍之多，对预防动脉硬化有很大的作用。
④**降低血压**：黑米有抗菌、降低血压、抑制癌细胞生长的功效。

核桃莲子黑米粥

材料 黑米80克，莲子、核桃仁各适量

调料 白糖4克

做法

①黑米泡发洗净；莲子去心洗净；核桃仁洗净。②锅置火上，倒入清水，放入黑米、莲子煮开。③加入核桃仁同煮至浓稠状，调入白糖拌匀即可。

煮粥技巧

黑米以颜色黑亮、颗粒饱满，表面似有膜包裹者为佳。

黑米黑豆莲子粥

●材料　糙米40克，燕麦30克，黑米、黑豆、红豆、莲子各20克

●调料　白糖5克

●做法

①糙米、黑米、黑豆、红豆、燕麦均洗净，泡发；莲子洗净，泡发后，挑去莲心。②锅置火上，加入适量清水，放入糙米、黑豆、黑米、红豆、莲子、燕麦开大火煮沸。③最后转小火煮至各材料均熟，粥呈浓稠状时，调入白糖拌匀即可。

煮粥技巧

黑豆以豆粒完整、大小均匀、乌黑的为佳。

黑米红豆茉莉粥

●材料　黑米50克，红豆30克，茉莉花适量，莲子、花生仁各20克

●调料　白糖5克

●做法

①黑米、红豆均泡发洗净；莲子、花生仁、茉莉花均洗净。②锅置火上，倒入清水，放入黑米、红豆、莲子、花生仁煮开。③加入茉莉花同煮至浓稠状，调入白糖拌匀即可。

煮粥技巧

宜选用鲜白、散发清香气味的茉莉花煮粥，味道更佳。

紫米是特种稻米的一种，素有“米中极品”之称。紫米粒细长，且表皮呈紫色。紫米分皮紫内白非糯性和表里皆紫糯性两种。每千克紫米含铁16.72毫克，比一般精米高248.3%；每千克含钙138.5毫克，每千克含锌23.63毫克，每千克含硒0.08毫克，故紫米的营养价值和保健价值均很高。

相宜搭配及功效

紫米＋黑豆 ▶ 健脾开胃

紫米＋花生 ▶ 补气养血

紫米＋红枣 ▶ 美容养颜

相克搭配及原因

紫米＋糙米 ▶ 不易消化

紫米＋鸡蛋 ▶ 影响营养价值

养生功效

①防治肠癌：紫米中的纤维素含量高，可以促进人体肠道蠕动，促进消化液的分泌，减少胆固醇吸收，可以有效预防动脉硬化、防治肠癌。

②增强免疫：紫米中的淀粉含量高，经常食用紫米，具有增强免疫力、保肝解毒的功效。

③保护骨骼：紫米富含钙，经常食用紫米可以保证体内钙质平衡，保护骨骼以及牙齿免受铅毒的影响。

紫米瘦肉粥

材料 紫米80克，瘦肉、红椒、芹菜各适量

调料 盐、味精、胡椒粉各2克，料酒5克

做法

①紫米泡发洗净；瘦肉洗净，切丝；红椒洗净，切圈；芹菜洗净，切碎。②锅置火上，倒入清水，放入紫米煮开。③加入瘦肉、红椒同煮至浓稠状，再入芹菜稍煮，调入盐、味精、料酒、胡椒粉拌匀即可。

煮粥技巧

可多加入一些蔬菜，使粥的营养更好。

红米

红米为禾本科红糯稻的种仁，又称红糯米、血糯等。因其含有铁质，所以颜色呈紫红色。红米可作饭粥汤羹，还可加工成风味小吃。100克红米含有碳水化合物74.40克，脂肪2.00克，蛋白质7.00克，此外还含有糖类、膳食纤维、维生素A、B族维生素等。

✓ 相宜搭配及功效

红米＋排骨 ▶ 补气养虚

红米＋芦根 ▶ 清血、生津止渴

红米＋红枣 ▶ 补血益气

红米＋莲子心 ▶ 温中养颜

⊗ 相克搭配及原因

红米＋杏仁 ▶ 影响消化

红米＋鸡蛋 ▶ 影响营养价值

◎养生功效

①**预防贫血**：红米中的铁质最为丰富，故有补血及预防贫血的功效。

②**补充体力**：红米含有丰富的淀粉与植物蛋白质，可补充消耗的体力及维持身体正常体温。

③**降压降脂**：红米所含红曲霉素K可阻止生成胆固醇，具有降血压、降血脂的作用。

④**消除疲劳**：红米内含丰富的磷，维生素A、B族维生素，能有效消除疲劳、精神不振和失眠等症状。

红枣红米补血粥

●材料　红米80克，红枣、枸杞各适量

●调料　红糖10克

●做法

①红米洗净泡发；红枣洗净，去核，切成小块；枸杞洗净，用温水浸泡至回软备用。②锅置火上，倒入清水，放入红米煮开。③加入红枣、枸杞、红糖同煮至浓稠状即可。

煮粥技巧

煮此粥最好选用个大、肉丰、色润的红枣为佳。

玉米是一种常见的粮食作物，主要产于北方，有黄玉米、白玉米两种，其中黄玉米含有较多的维生素A，对人的视力十分有益。玉米是人类粮食的主要来源，已成为一种热门的保健食品。每100克玉米中含蛋白质4克，脂肪1.2克，碳水化合物22.8克，膳食纤维2.9克，维生素A17微克，此外还含有维生素E、钙、铁、锌等营养物质。

◎相宜搭配及功效

玉米+木瓜 ▶ 预防冠心病

玉米+洋葱 ▶ 生津止渴

玉米+烤肉 ▶ 降低致癌物质

玉米+大豆 ▶ 提高营养价值

⊗相克搭配及原因

玉米+田螺 ▶ 引起中毒

玉米+红薯 ▶ 造成腹胀

玉米+酒 ▶ 影响吸收

◎养生功效

①预防心脑血管疾病：玉米含有不饱和脂肪酸和维生素E，可降低血液胆固醇浓度，防止其沉积于血管壁上，可防治冠心病、动脉粥样硬化及高血压等疾病。

②防癌抗癌：玉米中含有一种特殊的抗癌物质——谷胱甘肽，它进入人体后可与多种致癌物质结合，使致癌物失去致癌性。

③美容、减肥：玉米胚芽中的维生素E还可促进人体细胞分裂，防止皮肤出现皱纹；玉米须有利尿作用，也有利于减肥。

白菜玉米粥

●材料　大白菜30克，玉米糁90克，芝麻少许

●调料　盐3克，味精少许

●做法

①大白菜洗净，切丝；芝麻洗净。

②锅置火上，注入清水烧沸后，边搅拌边倒入玉米糁。再放入大白菜、芝麻，用小火煮至粥成，调入盐、味精入味即可。

煮粥技巧

水要加得适量，以免粥过浓或过稀。

豆芽玉米粥

●材料　黄豆芽、玉米粒各20克，大米100克

●调料　盐3克，芝麻油5克

●做法

①玉米粒洗净；黄豆芽洗净，择去根部；大米洗净，泡发半小时。②锅置火上，倒入清水，放入大米、玉米粒用旺火煮至米粒开花。③再放入黄豆芽，改用小火煮至粥成，调入盐、芝麻油搅匀即可。

煮粥技巧

豆芽不宜煮太久，以免营养流失。

香蕉玉米粥

●材料　香蕉、玉米粒、豌豆各适量，大米80克

●调料　冰糖12克

●做法

①大米泡发洗净；香蕉去皮，切片；玉米粒、豌豆洗净。②锅置火上，注入清水，放入大米，用大火煮至米粒绽开。③放入香蕉、玉米粒、豌豆、冰糖，用小火煮至粥成闻见香味时即可食用。

煮粥技巧

选择熟透的香蕉切薄片煮粥，会让此粥味道更好。

高粱为禾本科植物蜀黍的种仁，有红、白两种。高粱脱壳后即为“高粱米”。自古就有“五谷之精”、“百谷之长”的盛誉。每100克高粱米中含有水分10.3克，蛋白质8.4克，脂肪3.1克，粗纤维4.3克，热量1504千焦，钾281毫克，钠6.3毫克，钙22毫克，镁129毫克。此外还含有鞣酸、鞣酸蛋白、多种氨基酸等。

◎相宜搭配及功效

高粱＋冰糖 ▶ 健脾益胃、生津止渴

高粱＋红豆 ▶ 补充营养

高粱＋薏米 ▶ 补充营养

高粱＋桑螵蛸 ▶ 和胃健脾、益气消积

⊗相克搭配及原因

高粱＋啤酒 ▶ 引发胃炎

高粱＋绿豆 ▶ 破坏营养

高粱＋碱 ▶ 破坏营养

◎养生功效

①降低胆固醇：高粱中含有的蛋白质、脂肪，能有效降低胆固醇，减少心脏病发作的概率。

②促进食欲：高粱中含有的烟酸、B族维生素，能维持消化系统健康，促进食欲。

③防治慢性腹泻：高粱中含有单宁，有收敛固脱的作用，患有慢性腹泻的病人常食高粱米粥有明显疗效。

高粱胡萝卜粥

●材料　高粱米80克，胡萝卜30克

●调料　盐3克，葱2克

●做法

①高粱米洗净，泡发备用；胡萝卜洗净，切丁；葱洗净，切圈。②锅置火上，加入适量清水，放入高粱米煮至开花。③再加入胡萝卜煮至粥黏稠且冒气泡，调入盐，撒上葱花即可。

煮粥技巧

胡萝卜煮粥前最好能去皮，这样煮出来的粥口感更佳。

茉莉高粱粥

●材料　茉莉花适量，高粱米70克，红枣20克

●调料　白糖3克

●做法

①高粱米泡发洗净；红枣洗净，切片；茉莉花洗净。②锅置火上，倒入清水，放入高粱米煮至开花。③加入红枣、茉莉花同煮至浓稠状，调入白糖拌匀即可。

煮粥技巧

高粱最好用清水浸泡一夜，这样煮出来的粥更软嫩。

黑枣高粱粥

●材料　黑枣20克，黑豆30克，高粱米60克

●调料　盐2克

●做法

①高粱米、黑豆均泡发1小时后，洗净捞起沥干；黑枣洗净。②锅置火上，倒入清水，放入高粱米、黑豆煮至开花。③加入黑枣同煮至浓稠状，调入盐拌匀即可。

煮粥技巧

选用皮色乌亮有光、黑里泛出红色的黑枣煮粥为佳。

燕麦为禾本科植物燕麦的果实，又叫野麦、雀麦。每100克燕麦中含蛋白质15克，脂肪6.7克，碳水化合物61.6克，膳食纤维5.3克。此外还含有较多的维生素B_2，其中维生素B_2是我国膳食中较缺乏的营养素，燕麦中的维生素B_2含量是大米的4倍。

相宜搭配及功效

燕麦＋玉米 ▶ 丰乳
燕麦＋牛奶 ▶ 营养丰富
燕麦＋苹果 ▶ 瘦身
燕麦＋动物血 ▶ 止血

相克搭配及原因

燕麦＋白糖 ▶ 产生胀气
燕麦＋红薯 ▶ 导致胃痉挛、胀气
燕麦＋菠菜 ▶ 影响钙的吸收

养生功效

①降低胆固醇：燕麦中含有的燕麦β－葡聚糖，能有效降低胆固醇，高血压、心脏病患者可常食。

②改善发质、肤质：燕麦中含有大量燕麦蛋白，可快速传递活性成分，改善发质、干涩皮肤。

③减少黑色素：燕麦中含有大量的抗氧化成分，这些物质可以有效地抑制黑色素形成过程中氧化还原反应的进行，减少黑色素的形成，淡化色斑，保持白皙靓丽的皮肤。

香菇燕麦粥

●材料 香菇、白菜各适量，燕麦60克

●调料 盐2克，葱8克

●做法

①燕麦片泡发洗净；香菇洗净，切片；白菜洗净，切丝；葱洗净，切花。②锅置火上，倒入清水，放入燕麦片，以大火煮开。③加入香菇、白菜同煮至浓稠状，调入盐拌匀，撒上葱花即可。

煮粥技巧

煮粥应选用浅土褐色、外观完整、散发清淡香味的燕麦为佳。

红豆燕麦牛奶粥

●材料　燕麦40克，红豆30克，山药、牛奶、木瓜各适量

●调料　白糖5克

●做法

①燕麦、红豆均洗净，泡发；山药、木瓜均去皮洗净，切丁。②锅置火上，加入适量清水，放入燕麦、红豆、山药以大火煮开。③再下入木瓜，倒入牛奶，待煮至浓稠状时，调入白糖拌匀即可。

煮粥技巧

此粥用纯净水煮，味道、营养都会更好，而且适合当早餐食用。

牛腩苦瓜燕麦粥

●材料　牛腩80克，苦瓜30克，燕麦片30克，大米100克

●调料　盐2克，料酒3克，葱花2克，姜末5克

●做法

①苦瓜洗净，去瓤，切片；燕麦片洗净；牛腩洗净，切片，用料酒腌渍；大米淘净，泡半小时。②大米入锅，加水，大火煮沸，下入牛腩、苦瓜、燕麦片、姜末，转中火熬煮至米粒软散。③改小火，待粥熬至浓稠，加盐调味，撒入葱花即可。

煮粥技巧

要选择颜色青翠、新鲜的苦瓜煮粥，味道更好，营养更丰富。

荞麦为蓼科植物荞麦的种子，又叫乌麦、荞子、苦荞麦、金荞麦。荞麦起源于我国，是一种古老的粮食作物。每100克荞麦中含有蛋白质9.3克，脂肪2.3克，碳水化合物66.5克，膳食纤维6.5克，钙47克，此外还含有维生素B_1、维生素B_2、氨基酸、脂肪酸、亚油酸等。

✓ 相宜搭配及功效

荞麦＋韭菜 ▶ 降低血糖

荞麦＋瘦肉 ▶ 止咳、平喘

荞麦＋莱菔子 ▶ 消食降气

⊗ 相克搭配及原因

荞麦＋野鸡肉 ▶ 导致营养成分流失

◎养生功效

①预防心脑血管疾病：荞麦因含钙、镁、铁、维生素B_1等有效成分，对于高血脂症及因此而引起的心脑血管疾病具有良好的预防保健作用，是一种理想的保健食品。

②降低血脂：荞麦含植物脂肪2%～3%，其中对人体有益的油酸和亚油酸含量也很高，可降低胆固醇、体内血脂肪。

③排毒瘦身：荞麦含有烟酸，能够促进机体的新陈代谢，增强解毒能力，具有排毒瘦身的功效。

黄芪荞麦豌豆粥

●材料 荞麦80克，豌豆30克，黄芪3克

●调料 冰糖10克

●做法

①荞麦泡发洗净；豌豆、黄芪均洗净。②锅置火上，倒入清水，放入荞麦、豌豆煮开。③加入黄芪、冰糖同煮至浓稠状即可。

煮粥技巧

也可将黄芪煎汁，取汁倒入粥中煮，可使此粥营养价值更佳。

大麦为禾本科植物大麦的种仁。是世界第五大耕作谷物，在我国已有几千年的食用历史，医药界公认大麦具有很高的药理作用。大麦含碳水化合物、蛋白质、膳食纤维、B族维生素、麦芽糖等营养物质。

✓ 相宜搭配及功效

大麦＋姜汁 ▶ 利小便、解毒

大麦＋红糖 ▶ 治疗腹泻

大麦＋红枣 ▶ 促进营养物质吸收

大麦＋南瓜 ▶ 补虚养身

⊗ 相克搭配及原因

大麦＋牛奶 ▶ 生成有害物质

大麦＋黑豆 ▶ 引起中毒

大麦＋茶 ▶ 破坏营养

◎养生功效

①**防癌抗癌**：大麦含有的膳食纤维可刺激肠胃蠕动，抑制肠内致癌物质产生。

②**预防骨质疏松**：大麦中含有丰富的微量元素，可有效调节血糖，并防止老年人骨质疏松。

③**预防脚气病**：大麦含有大量的维生素B_1与消化酶，对预防脚气病有很好的功效。

灵芝麦仁粥

●材料　大麦仁80克，灵芝适量

●调料　白糖3克

●做法

①大麦仁泡发洗净；灵芝洗净。②锅置火上，倒入清水，放入大麦仁，以大火煮开。③加入灵芝同煮至浓稠状，调入白糖拌匀即可。

选用褐黑色、有光泽的野生灵芝煮粥，会让此粥营养价值更高。

黄豆为荚豆科植物大豆的种子，是所有豆类中营养价值最高的。每100克黄豆含蛋白质36.3克，脂肪13.4克，碳水化合物25克，钙36.7毫克，磷57.1毫克，铁11毫克，此外黄豆还含有胡萝卜素、硫胺素、核黄素、烟酸、卵磷脂等各种物质。

相宜搭配及功效

黄豆＋香菜 ▶ 健脾宽中、祛风解毒
黄豆＋牛蹄筋 ▶ 防颈椎病、美容
黄豆＋胡萝卜 ▶ 有助骨骼发育
黄豆＋白菜 ▶ 防止乳腺癌

相克搭配及原因

黄豆＋虾皮 ▶ 影响钙的消化吸收
黄豆＋核桃 ▶ 导致腹胀、消化不良
黄豆＋猪肉 ▶ 影响营养吸收

养生功效

①**治疗糖尿病**：黄豆中含有的抑胰酶，对糖尿病有一定作用。
②**活肤养颜**：黄豆中含有丰富的大豆异黄酮、卵磷脂、水解大豆蛋白，能改善内分泌，消除活性氧和体内自由基，延迟细胞衰老，使皮肤保持光滑、有弹性。
③**提高智力**：黄豆中含有的卵磷脂，是大脑细胞组成的重要部分，对改善大脑功能有重要作用。

山药山楂黄豆粥

材料 大米90，山药30克，黄豆、山楂、豌豆各适量

调料 盐2克，味精1克

做法

①山药洗净去皮切块；大米洗净；黄豆、豌豆洗净；山楂洗净切丝。②锅内注水，放入大米，用大火煮至米粒开花，放入山药、黄豆、山楂、豌豆。③改用小火，煮至粥成，调入盐、味精入味，即可食用。

煮粥技巧

宜选用无霉点、味酸甜的山楂煮粥。

玉米粉黄豆粥

●材料　玉米粉、黄豆粉各60克

●调料　盐3克，葱少许

●做法

①葱洗净，切花。②锅置火上，注水用大火烧开后，边搅拌边倒入玉米粉、黄豆粉。③搅匀后，用小火慢慢煮至粥浓稠时，调入盐入味，撒上葱花即可。

要边煮边搅拌，以免粥糊掉。

玉米片黄豆粥

●材料　玉米片、黄豆各30克，大米90克

●调料　盐3克，葱少许

●做法

①玉米片洗净；大米、黄豆均洗净泡发；葱洗净，切花。②锅置火上，注水后，放入大米、玉米片、黄豆煮至将熟。③改用小火，慢慢煮至粥成，调入盐入味，撒上葱花即可。

煮粥技巧

可用鲜玉米代替玉米片。

绿豆为蝶形花科植物绿豆的种子，是我国传统的豆类食物。每100克绿豆中含蛋白质21.6克，脂肪0.8克，碳水化合物62克，膳食纤维6.4克，灰分3.3克，维生素A22毫克，胡萝卜素130毫克。此外还含有硫胺素、核黄素、烟酸、钙、铁等营养物质。

相宜搭配及功效

绿豆+燕麦 ▶ 可抑制血糖值上升
绿豆+南瓜 ▶ 清肺、降糖
绿豆+大米 ▶ 有利消化吸收
绿豆+百合 ▶ 解渴润燥

相克搭配及原因

绿豆+碱 ▶ 破坏营养物质
绿豆+苹果 ▶ 引起中毒
绿豆+鱼 ▶ 破坏维生素B_1中的酶

养生功效

①**增进食欲：**绿豆中所含的蛋白质、磷脂，有兴奋神经、增进食欲的功能。
②**预防冠心病、心绞痛：**绿豆中含有的多糖成分，能增强血清脂蛋白酶的活性，使脂蛋白中甘油三酯水解，可防治冠心病、心绞痛。
③**降低胆固醇：**绿豆中含有一种球蛋白和多糖，能促进胆固醇分解成胆酸，加速胆盐分泌，降低小肠对胆固醇的吸收，达到降低胆固醇的作用。

薏米绿豆粥

● 材料　大米60克，薏米40克，玉米粒、绿豆各30克

● 调料　盐2克

● 做法

①大米、薏米、绿豆均泡发洗净；玉米粒洗净。②锅置火上，倒入适量清水，放入大米、薏米、绿豆，以大火煮至开花。③加入玉米粒煮至浓稠状，调入盐拌匀即可。

煮粥技巧

绿豆炒制一下再入锅煮，更易煮烂，而且味道更香。

绿豆莲子百合粥

●材料　绿豆40克，莲子、百合、红枣各适量，大米50克

●调料　白糖、葱各适量

●做法

①大米、绿豆均泡发洗净；莲子去心洗净；红枣、百合均洗净，切片；葱洗净，切花。②锅置火上，倒入清水，放入大米、绿豆、莲子一同煮开。③加入红枣、百合同煮至浓稠状，调入白糖拌匀，撒上葱花即可。

煮粥技巧

将干百合洗净，加入适量的开水，加盖浸泡半个小时左右，取出后洗净杂质，这样处理更佳。

萝卜绿豆天冬粥

●材料　白萝卜20克，绿豆、大米各40克，天冬适量

●调料　盐2克

●做法

①大米、绿豆均泡发洗净；白萝卜洗净，切丁；天冬洗净，加水煮好，取汁待用。②锅置火上，倒入煮好的汁，放入大米、绿豆煮至开花。③加入白萝卜同煮至浓稠状，调入盐拌匀即可。

煮粥技巧

大火煮开后小火慢熬，煮出来的粥黏稠，而且极香。

红豆富含淀粉，因此又被人们称为“饭豆”。每100克红豆含B族维生素60毫克，蛋白质20.2克，脂肪0.6克，碳水化合物63.4克，叶酸87.9微克，膳食纤维7.7克，维生素A13微克，此外还含有钙、磷、镁、铁、锌、硒、铜等营养物质。

相宜搭配及功效

红豆+桑白皮 ▶ 健脾利湿

红豆+白茅根 ▶ 增强利尿作用

红豆+粳米 ▶ 益脾胃、通乳汁

红豆+南瓜 ▶ 润肤、减肥

相克搭配及原因

红豆+盐 ▶ 药效减半

红豆+羊肝 ▶ 引起身体不适

红豆+羊肚 ▶ 水肿、腹泻

养生功效

①利尿解毒：红豆中含有较多的皂角苷，可刺激肠道，有着良好的利尿作用，还能解酒、解毒，对心脏病和肾病、水肿有益。

②治疗“三高”疾病：红豆中含有较多的膳食纤维，具有良好的润肠通便作用，对“三高”疾病有显著疗效。

③催乳：红豆中富含叶酸，有催乳的功效，产妇、乳母适宜多吃。

④补血养颜：红豆中富含铁质，能补血、促进血液循环、强化体力、增强免疫力，常食有益。

山楂双豆粥

材料 大米100克，红豆、红芸豆各10克，山楂20克

调料 红糖5克

做法

①大米、红豆、红芸豆洗净，入清水浸泡2小时；山楂洗净。②锅置火上，注入清水，放入大米、红豆、红芸豆、山楂煮至米粒开花。③再放入红糖稍煮后调匀便可。

煮粥技巧

红豆最好提前3小时泡发，可缩短煮粥时间。

花生红豆陈皮粥

●材料　红豆、花生米各30克，陈皮适量，大米60克

●调料　红糖10克

●做法

①大米、红豆均泡发洗净；花生米洗净；陈皮洗净，切丝。②锅置火上，倒入清水，放入大米、红豆、花生米煮至开花。③加陈皮、红糖煮至浓稠即可。

煮粥技巧

选颜色深红、大小均匀、紧实皮薄的红豆煮粥，会让此粥口感更佳。

红豆茉莉粥

●材料　红豆、红枣各20克，茉莉花8克，大米80克

●调料　白糖4克

●做法

①大米、红豆均洗净泡发；红枣洗净，去核，切片；茉莉花洗净。②锅置火上，倒入清水，放入大米与红豆，以大火煮开。③再加入红枣、茉莉花同煮至粥呈浓稠状，调入白糖拌匀，出锅即可食用。

煮粥技巧

选择花苞状的茉莉花干品煮粥，味道更好。

豌豆

豌豆，又称雪豆、寒豆、青豆。每100克豌豆含蛋白质7.2克。特别是豌豆中B族维生素的含量很高，如维生素B_1（0.54毫克/100克）是豆腐的18倍，维生素B_2和维生素PP分别是豆腐的2.5倍和14倍，还有较多的胡萝卜素、维生素C及无机盐等营养成分。

相宜搭配及功效

豌豆＋平菇 ▸ 提高体质

豌豆＋草菇 ▸ 解毒、利尿

豌豆＋玉米 ▸ 蛋白质互补

豌豆＋枸杞 ▸ 治腰酸背痛

相克搭配及原因

豌豆＋醋 ▸ 引起消化不良

豌豆＋羊肉 ▸ 引起黄疸、脚气

豌豆＋红薯 ▸ 引起胀气

养生功效

①抗菌消炎：豌豆所含的赤霉素和植物凝素等物质，具有抗菌消炎、增强新陈代谢的功能。

②润肤养颜：豌豆中含有丰富的维生素A原，可以在人体内转化为维生素A，起到润泽皮肤的作用。

③增强免疫：豌豆中富含人体所需的优质蛋白质，可以提高人体的抗病能力和康复能力。

④防癌抗癌：豌豆中富含胡萝卜素，可有效防止人体致癌物质的合成，从而减少癌细胞的形成，降低人体癌症的发病率。

瘦肉豌豆粥

●**材料** 猪肉100克，豌豆30克，大米80克

●**调料** 盐、鸡精、葱花、姜末、食用油各适量

●**做法**

①豌豆洗净；猪肉洗净，剁成末；大米用清水淘净，用水浸泡半小时。②大米入锅，加清水烧开，改中火，放姜末、豌豆煮至米粒开花。③再放入猪肉，改小火熬至粥浓稠，调入油、盐调味，撒上葱花即可。

煮粥技巧

猪肉末加少许盐腌渍后再煮粥，会让此粥味道更好。

肉末紫菜豌豆粥

●材料　大米100克，猪肉50克，紫菜20克，豌豆30克，胡萝卜30克

●调料　盐3克，鸡精1克

●做法

①紫菜泡发，洗净；猪肉洗净，剁成末；大米淘净，泡好；豌豆洗净；胡萝卜洗净，切成小丁。②锅中注水，放大米、豌豆、胡萝卜，大火烧开，下入猪肉煮至熟。③小火将粥熬好，放入紫菜拌匀，调入盐、鸡精调味即可。

煮粥技巧

食用前加点葱花，味道更香。

豌豆大米咸粥

●材料　豌豆15克，大米110克

●调料　盐2克，味精1克，芝麻油少许

●做法

①豌豆洗净；大米泡发洗净。②锅置火上，倒入清水，放入大米用大火煮至米粒绽开。③放入豌豆，改用小火煮至粥浓稠时，调入盐、味精、芝麻油入味即可。

煮粥技巧

此粥最少要煮半小时，可使豌豆煮得更熟烂，味道更好。

黑豆为蝶形花科大豆的黑色种仁，黑豆表皮呈黑色，别名：乌豆、黑大豆。每100克黑豆含有蛋白质36克，脂肪15.9克，碳水化合物33.6克，膳食纤维10.2克，维生素A5微克，胡萝卜素30微克，硫胺素0.2毫克，核黄素0.33毫克，烟酸2毫克等。

相宜搭配及功效

黑豆＋橙子 ▶ 营养丰富

黑豆＋鲫鱼 ▶ 补肾

相克搭配及原因

黑豆＋菠菜 ▶ 破坏营养

黑豆＋牛奶 ▶ 破坏营养

黑豆＋茄子 ▶ 影响营养吸收

养生功效

①预防动脉硬化：黑豆的油脂中主要是不饱和脂肪酸，它可促进血液中胆固醇的代谢，从而起到预防动脉硬化的作用。

②延缓衰老：黑豆中含有丰富的维生素E，维生素E也是一种抗氧化剂，能清除体内自由基，减少皮肤皱纹，保持青春健美。

③防止便秘：黑豆中粗纤维含量高达4%，常食黑豆可为人体提供食物中的粗纤维，促进消化，防止便秘发生。

黑豆山楂米粥

材料 大米70克，山楂20克，黑豆30克

调料 白糖3克

做法

①大米、黑豆均洗净，泡发；山楂洗净，切成薄片。②锅置火上，加入清水，放入大米、黑豆煮至米、豆均绽开。③加入山楂同煮至浓稠状，调入白糖拌匀即可。

煮粥技巧

此粥最好用大火煮开，更容易将黑豆煮熟烂，营养价值更高。

黑豆玉米粥

●材料　黑豆20克，玉米粒30克，大米70克

●调料　白糖3克

●做法

①大米、黑豆均泡发洗净；玉米粒洗净，沥干备用。②锅置火上，倒入清水，放入大米、黑豆煮至开花。③加入玉米粒同煮至浓稠状，调入白糖拌匀即可。

煮粥技巧

黑豆最好提前浸泡5小时以上，更容易煮熟烂。

桂圆黑豆姜丝粥

●材料　桂圆肉20克，黑豆30克，大米70克

●调料　盐2克，姜、葱各8克

●做法

①大米、黑豆均泡发洗净；桂圆肉洗净；姜洗净，切丝；葱洗净，切花。②锅置火上，倒入清水，放入大米、黑豆煮开。③加入桂圆肉、姜同煮至浓稠状，调入盐拌匀，撒上葱花即可。

煮粥技巧

大米要提前1小时浸泡至软，这样煮出来的粥更软烂可口。

芸豆是草生植物，茎蔓生，小叶阔卵形，花白色、黄色或带紫色，荚果较长，种子近球形。每100克芸豆中含蛋白质0.8克，脂肪0.1克，碳水化合物7.4克，膳食纤维2.1克，钾123毫克，钠8.6毫克，此外还含有磷、铁、锌、胡萝卜素、硫胺素、抗坏血酸等物质。

相宜搭配及功效

芸豆＋莴笋 ▶ 补钙

芸豆＋蜂蜜 ▶ 治百日咳、咳喘

芸豆＋猪肉 ▶ 提高维生素B_{12}吸收率

芸豆＋豆腐 ▶ 治慢性肝炎

相克搭配及原因

芸豆＋田螺 ▶ 引起结肠癌

芸豆＋菠菜 ▶ 破坏营养

芸豆＋海带 ▶ 破坏营养

养生功效

①**降低血脂：**芸豆中含有丰富的钾和镁，能降低血脂。

②**健脾胃：**芸豆富含蛋白质和多种氨基酸，常食可健脾胃，增进食欲。

③**增强免疫力：**芸豆含有皂苷、尿毒酶和多种球蛋白等独特成分，具有提高人体免疫能力、增强抗病能力的功效。

八宝银耳粥

●**材料** 银耳、麦仁、糯米、红豆、芸豆、绿豆、花生仁各20克

●**调料** 白糖3克

●**做法**

①银耳泡发洗净，择成小朵备用；麦仁、糯米、红豆、芸豆、绿豆、花生米分别泡发半小时后，捞出沥干水分。②锅置火上，倒入适量清水，放入除银耳外的所有原材料煮至米粒开花。③再放入银耳同煮粥浓稠时，调入白糖拌匀即可。

煮粥技巧

此粥用红糖慢熬，营养更好。

三豆山药粥

● 材料　大米100克，山药30克，黄豆、红芸豆、豌豆各适量

● 调料　白糖10克

● 做法

①大米泡发洗净；山药去皮洗净，切块；黄豆、红芸豆、豌豆泡发洗净。②锅内注水，放入大米，用大火煮至米粒绽开，放入黄豆、红芸豆、豌豆、山药同煮。③改用小火煮至粥成、闻见香味时，放入白糖调味即成。

煮粥技巧

黄豆、红芸豆、豌豆煮的时间要长一点。

玉米红豆粥

● 材料　玉米、红芸豆、豌豆各适量，大米90克

● 调料　盐3克，味精少许

● 做法

①玉米、豌豆洗净；红芸豆、大米泡发洗净。②锅置火上，注水后，放入大米、玉米、豌豆、红芸豆煮至米粒绽开。③用小火煮至粥成，调入盐、味精入味即可。

煮粥技巧

此粥也可加糖煮成甜粥。

白扁豆别名眉豆、蛾眉豆、羊眼豆、茶豆等。扁豆有黑、白之分，黑的古称“鹊豆”，白的叫白扁豆。白扁豆营养丰富，既可作滋补珍品，又可作盛暑清凉饮料。每100克白扁豆含蛋白质23.1克，脂肪1.3克，碳水化合物56.9克，胡萝卜素0.24毫克，钙160毫克，磷410毫克，铁7.3毫克及丰富的B族维生素。

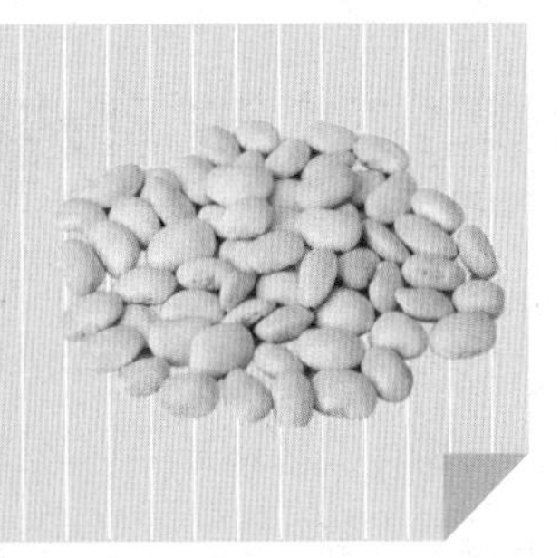

✓ 相宜搭配及功效

白扁豆＋花菜 ▶ 补肾脏、健脾胃

白扁豆＋鸡肉 ▶ 填精补髓

白扁豆＋老鸭肉 ▶ 养胃益肾

白扁豆＋猪肉 ▶ 补中益气

⊗ 相克搭配及原因

白扁豆＋橘子 ▶ 导致高钾血症

白扁豆＋蛤蜊 ▶ 腹痛腹泻

白扁豆＋牛奶 ▶ 影响营养吸收

①增进食欲： 白扁豆含有的泛酸，有制造抗体功能，在增强食欲方面有好的效果。

②抑制病毒生长： 白扁豆含有对抗病毒的抑制成分，这种活性成分在水溶性的高分子和低分子部分都有，这种成分能有效地抑制病毒的生长。

③提高造血功能： 白扁豆含有多种微量元素，能刺激骨髓造血组织，减少粒细胞的破坏，提高造血功能，对白细胞减少症有效。

扁豆玉米红枣粥

●**材料** 玉米、白扁豆、红枣各15克，大米110克

●**调料** 白糖6克

●**做法**

①玉米、白扁豆洗净；红枣去核洗净；大米泡发洗净。②锅置火上，注入清水后，放入大米、玉米、白扁豆、红枣，用大火煮至米粒绽开。③再用小火煮至粥成，调入白糖入味即可。

煮粥技巧

可用蜜枣代替红枣，粥更甜。

白扁豆山药粥

●材料　白扁豆20克，山药30克，红腰豆10克，大米90克

●调料　葱少许，盐2克

●做法

①白扁豆洗净；腰豆洗净；山药去皮洗净，切块；大米洗净，泡发；葱洗净，切花。②锅置火上，注水后，放入大米、红腰豆、山药，用大火煮至米粒开花，放入白扁豆。③用小火煮至粥浓稠时，放入盐调味，撒上葱花即可食用。

煮粥技巧

山药要切小块炖煮。

白扁豆粥

●材料　白扁豆30克，米200克，山药10克

●调料　葱花5克，盐5克

●做法

①将白扁豆、山药加水先煲30分钟。②再加入米和适量水煲至成粥。③调入适量盐，煲至入味，最后撒上葱花即可。

白扁豆最好浸泡半小时左右后再煮，可缩短煮粥时间。

红薯皮色发白或发红，肉大多为黄白色，但也有紫色。除供食用外，还可以制糖和酿酒、制酒精。每100克红薯中含蛋白质11.5克，糖14.5克，脂肪1克，磷100毫克，钙90毫克，铁2克，胡萝卜素0.5毫克，另含有维生素B_1、维生素B_2、维生素C等。其中维生素B_1、维生素B_2的含量分别比大米高6倍和3倍。

◎相宜搭配及功效

红薯＋红椒 ▶ 增强免疫力

红薯＋鸡蛋 ▶ 补血养颜

红薯＋鸡腿 ▶ 补血养颜

⊗相克搭配及原因

红薯＋豆浆 ▶ 影响消化

红薯＋白酒 ▶ 会得结石

红薯＋香蕉 ▶ 长斑

◎养生功效

①保护视力：红薯富含胡萝卜素，可保护视力。

②预防衰老：红薯含有丰富的黏液蛋白，对人体有特殊的保护作用，能保持消化道、呼吸道、关节腔、膜腔的润滑和血管的弹性，可以减缓人体器官的老化。

③保护心脏：红薯含钾量高，钾是保护心脏的重要因素，因此多食红薯对心脏有益。

④防止便秘：红薯所含的膳食纤维比较多，对促进胃肠蠕动和防止便秘非常有益。

红薯小米粥

●材料　红薯20克，小米90克

●调料　白糖4克

●做法

①红薯去皮洗净，切成小块；小米泡发洗净。②锅置火上，注入清水，放入小米，用大火煮至米粒绽开。③放入红薯，用小火煮至粥浓稠时，调入白糖入味即可。

煮粥技巧

小米粥小火焖煮，更香更稠。

红薯玉米粥

●材料　红薯、玉米、玉米粉、南瓜、豌豆各30克，大米40克

●调料　盐2克

●做法

①玉米、大米泡发洗净；红薯、南瓜去皮洗净，切块；豌豆洗净。②锅置火上，放入大米、玉米煮至沸时，放入玉米粉、红薯、南瓜、豌豆。③改用小火煮至粥成，加入盐入味，即可食用。`

煮粥技巧

此粥最好煮40分钟左右，可使粥更软烂可口。

红薯粥

●材料　红薯30克，豌豆少许，大米90克

●调料　白糖6克

●做法

①大米洗净，泡发；红薯去皮洗净，切小块；豌豆洗净。②锅置火上，注入清水后，放入大米，用大火煮至米粒绽开。③放入红薯、豌豆，改用小火煮至粥成，调入白糖入味即可。

煮粥技巧

不要选用表皮呈褐色或有黑色斑点的红薯煮粥。

芋头为天南星科芋属植物芋的根茎，原产中国和印度。别名：芋、芋艿、土芝、毛芋、蹲鸱。芋头口感细软，绵甜香糯，营养价值近似于土豆；又不含龙葵素，是一种很好的碱性食物。每100克芋头中，含水分78.6克，蛋白质2.2克，脂肪0.2克，碳水化合物17.8克，还含有胡萝卜素、硫胺素、核黄素、抗坏血酸、钙、钾等营养物质。

相宜搭配及功效

芋头＋红枣 ▶ 补血养颜

芋头＋牛肉 ▶ 防治食欲不振

芋头＋鲫鱼 ▶ 治疗脾胃虚弱

芋头＋芹菜 ▶ 补气虚、增食欲

相克搭配及原因

芋头＋香蕉 ▶ 引起腹胀

芋头＋柑桔 ▶ 腹泻

养生功效

①**增强免疫力：**芋头含有一种黏液蛋白，被人体吸收后能产生免疫球蛋白，可提高机体的抵抗力。

②**美容养颜：**芋头为碱性食品，能中和体内积存的酸性物质，调整人体的酸碱平衡，可美容养颜。

③**补中益气：**芋头含有丰富的黏液皂素及多种微量元素，可帮助机体纠正微量元素缺乏导致的生理异常，以补中益气。

④**保护牙齿：**芋头中所含的矿物质中，氟的含量较高，具有洁齿防龋、保护牙齿的作用。

芋头红枣蜂蜜粥

●材料　芋头、红枣、玉米糁各适量，大米90克

●调料　蜂蜜5克，葱少许

●做法

①大米洗净，泡发1小时备用；芋头去皮洗净，切小块；红枣去核洗净，切瓣；葱洗净，切花。②锅中加水，放大米、玉米糁、芋头、红枣，用大火煮至米粒开花。③再转小火煮至粥浓稠后，调入蜂蜜调味，撒上葱花即可。

煮粥技巧

选择大小均匀、无虫眼、无疤痕且有一定重量感的芋头煮粥味道更佳。

芋头芝麻粥

●材料 大米60克，鲜芋头20克，黑芝麻、玉米糁各适量

●调料 白糖5克

●做法

①大米洗净，泡发半小时后，捞起沥干水分；芋头去皮洗净，切成小块。②锅置火上，注入清水，放入大米、玉米糁、芋头用大火煮至熟后。③再放入黑芝麻，改用小火煮至粥成，调入白糖即可食用。

煮粥技巧

芋头一定要用大火煮熟透，否则其中的黏液会刺激咽喉。

玉米芋头粥

●材料 玉米粒、芋头各20克，大米80克

●调料 白糖5克，葱少许

●做法

①大米洗净，泡发洗净；芋头去皮洗净，切成小块；玉米粒洗净；葱洗净，切花。②锅置火上，注入清水，放入大米用大火煮至米粒绽开后，放入芋头、玉米粒。③用小火煮至粥成，加入白糖调味，撒上少许葱花即可食用。

煮粥技巧

芋头含有较多淀粉，一次吃过多会导致腹胀。

土豆为多年生草本，但作一年生或一年两季栽培。其地下块茎呈圆、卵、椭圆等形，皮有红、黄、白或紫色。土豆多用地下块茎繁殖，可供烧煮，做粮食或蔬菜。每100克土豆中含有蛋白质2克，脂肪0.2克，碳水化合物17.2克，膳食纤维0.7克，此外还含有维生素E、钙、铁等。

相宜搭配及功效

土豆+黄瓜 ▶ 有利身体健康

土豆+牛肉 ▶ 维持酸碱平衡

土豆+豆角 ▶ 除烦润燥

土豆+醋 ▶ 能分解有毒物质

相克搭配及原因

土豆+西红柿 ▶ 消化不良

土豆+石榴 ▶ 引起中毒

土豆+香蕉 ▶ 引起面部生斑

养生功效

①**抗衰老**：土豆中含有丰富的B族维生素和优质纤维素，在人体延缓衰老过程中有重要作用。

②**排毒瘦身**：土豆含有丰富的膳食纤维，可促进肠胃蠕动，帮助机体及时排泄代谢毒素，防止便秘，预防肠道疾病的发生，还具有排毒瘦身的功效。

③**预防高血压**：土豆中富含钾元素，可以有效地防治高血压。

土豆芦荟粥

●**材料** 土豆30克，芦荟10克，大米90克

●**调料** 盐3克

●**做法**

①大米洗净，泡发半小时后捞起沥水；芦荟洗净，切片；土豆去皮洗净，切小块。②锅置火上，注水后，放入大米用大火煮至米粒绽开。③放入土豆、芦荟，用小火煮至粥成，调入盐入味，即可食用。

煮粥技巧

选用饱满一点的芦荟煮粥，会让此粥味道更好。

土豆煲羊肉粥

●材料　大米120克，羊肉50克，土豆30克，胡萝卜适量

●调料　盐3克，料酒8克，葱白10克，葱花、姜末各少许

●做法

①胡萝卜洗净，切块；土豆洗净，去皮，切小块；羊肉洗净，切片；大米淘净，泡好。②大米入锅，加水以旺火煮沸，下入羊肉、姜末、土豆、胡萝卜，烹入料酒，转中火熬煮。③下入葱白，慢火熬煮成粥，调入盐调味，撒上葱花即可。

煮粥技巧

炖羊肉时，在锅里放点食用碱，便很容易煮熟。

土豆洋葱牛肉粥

●材料　大米饭2碗，牛肉75克，菠菜30克，土豆、胡萝卜、洋葱各20克

●调料　盐3克，鸡精1克

●做法

①牛肉洗净，切片；菠菜洗净，切碎；土豆洗净，去皮，切块；胡萝卜洗净，切丁；洋葱洗净，切丝。②大米饭入锅，加适量开水，下入腌好的牛肉、土豆、胡萝卜、洋葱，转中火熬煮至粥将成。③放入菠菜，待粥熬出香味，加盐、鸡精调味即可。

煮粥技巧

牛肉切片后加少许盐腌渍后再煮粥。

山药为薯蓣科植物薯蓣的根茎，原产我国和亚洲热带地区。别名淮山药、薯蓣、薯药、山芋、玉涎、白山药、长山药、佛掌薯。山药是体虚、疲劳或病愈者恢复体力的最佳食品。每100克山药中含有蛋白质1.9克，脂肪0.2克，碳水化合物12.4克，膳食纤维0.8克，此外还含有维生素A、维生素E等营养物质。

✓ 相宜搭配及功效

山药＋芝麻 ▶ 预防骨质疏松

山药＋红枣 ▶ 补血养颜

山药＋玉米 ▶ 增强人体免疫力

山药＋羊肉 ▶ 补脾健胃

⊗ 相克搭配及原因

山药＋鲫鱼 ▶ 不利于吸收

山药＋黄瓜 ▶ 降低营养价值

山药＋菠菜 ▶ 降低营养价值

养生功效

①补中益气：山药因富含18种氨基酸和10余种微量元素及其他矿物质，所以有健脾补肺、补中益气、固肾益精、益心安神等作用。

②开胃消食：山药含有淀粉酶、多酚氧化酶等物质，具有开胃消食的保健功效。

③增强免疫力：山药富含多种维生素、氨基酸和矿物质，可以防治人体脂质代谢异常，有增强人体免疫力作用。

南瓜山药粥

●**材料** 南瓜、山药各30克，大米90克

●**调料** 盐2克

●**做法**

①大米洗净，泡发1小时备用；山药、南瓜去皮洗净，切块。②锅置火上，注入清水，放入大米，开大火煮至沸开。③再放入山药、南瓜煮至米粒绽开，改用小火煮至粥成，调入盐入味即可。

煮粥技巧

煮粥时间可以久一点，这样营养元素更易溶解。

胡萝卜山药大米粥

●材料　胡萝卜20克，山药30克，大米100克

●调料　盐3克，味精1克

●做法

①山药去皮洗净，切块；大米泡发洗净；胡萝卜洗净，切丁。②锅内注水，放入大米，大火煮至米粒绽开，放入山药、胡萝卜。③改用小火煮至粥成，放入盐、味精调味，即可食用。

煮粥技巧

胡萝卜要煮软烂一点，粥口感才好。

山药鸡蛋南瓜粥

●材料　山药30克，鸡蛋黄1个，南瓜20克，粳米90克

●调料　盐2克，味精1克

●做法

①山药去皮洗净，切块；南瓜去皮洗净，切丁；粳米泡发洗净。②锅内注水，放入粳米，用大火煮至米粒绽开，放入鸡蛋黄、南瓜、山药。③改用小火煮至粥成、闻见香味时，放入盐、味精调味即成。

煮粥技巧

此粥的山药和南瓜要煮至熟烂，味道会更佳。

黑芝麻为胡麻科植物芝麻的种子，又叫胡麻、油麻。主要有黑芝麻、白芝麻两种。每100克黑芝麻含蛋白质19.1克，脂肪46.1克，碳水化合物24克，维生素E504毫克，钙780毫克，钾358毫克，镁290毫克，铁22.7毫克，锌6.13毫克等。

✓ 相宜搭配及功效

黑芝麻+海带 ▶ 美容、抗衰老
黑芝麻+核桃 ▶ 改善睡眠
黑芝麻+桑葚 ▶ 降血脂
黑芝麻+冰糖 ▶ 润肺生津

⊗ 相克搭配及原因

黑芝麻+鸡肉 ▶ 引起中毒
黑芝麻+花生 ▶ 不利营养吸收

养生功效

①**降低胆固醇：**黑芝麻中含有的亚麻仁油酸，可有效去除附在血管壁上的胆固醇。
②**防治皮肤病：**黑芝麻中含有的维生素E能防止过氧化脂质危害皮肤，防治各种皮肤炎症。
③**防脱发：**黑芝麻含有大量蛋白质和维生素，具有补肝肾、益气力、填脑髓、润五脏、长肌肉的作用，可用于治疗肾虚，从而改善由肾虚导致的头发细软、脱发的现象。

黑芝麻蜂蜜粥

●材料 黑芝麻20克，大米80克

●调料 蜂蜜、葱花各适量

●做法

①大米泡发洗净；黑芝麻洗净。②锅置火上，倒入清水，放入大米煮开。③加入黑芝麻同煮至浓稠状，调入蜂蜜拌匀，撒上葱花即可。

煮粥技巧

蜂蜜最好待粥放温再调入，以免破坏营养。

山药黑芝麻粥

●材料　山药30克，粳米60克，黑芝麻120克，熟绿豆芽，熟枸杞适量

●调料　冰糖100克，牛奶适量

●做法

①山药削皮洗净，切细条；黑芝麻洗净；粳米洗净，浸泡1小时。②在果汁机中放入山药、黑芝麻、粳米，加入清水、牛奶搅拌均匀。③将搅拌好的材料倒入锅内，用小火煮沸，调入冰糖，装碗，撒入熟枸杞和绿豆芽即可。

煮粥技巧

煮此粥时要不断搅拌成糊，可使粥更烂熟可口。

黑芝麻粥

●材料　粳米180克，黑芝麻95克

●调料　盐6克

●做法

①粳米洗净；黑芝麻稍洗。②搅拌器里放入黑芝麻与水，磨3分钟后用网子过滤。③搅拌器里放入粳米与水，磨2分钟左右后用网子过滤。④锅里放入磨好的米与水，开大火熬煮，放入黑芝麻，续煮5分钟，煮到黏稠状时，放入盐调味，再煮一会儿。

煮粥技巧

粳米最好用清水浸泡2小时，可缩短煮粥时间，且口感更佳。

芝麻麦仁粥

●材料 黑芝麻20克，麦仁80克

●调料 白糖3克

●做法

①麦仁泡发洗净；黑芝麻洗净。②锅置火上，倒入适量清水，放入麦仁煮开。③再加入黑芝麻同煮至浓稠状，调入白糖拌匀即可。

煮粥技巧

黑芝麻必须新鲜，购买时可以闻闻是否有新鲜的气味，陈芝麻没有滋补效果。

泥鳅芝麻粥

●材料 大米80克，泥鳅50克，黑豆30克，黑芝麻5克

●调料 盐、料酒、葱花、姜末、枸杞适量

●做法

①大米、黑豆洗净，用清水浸泡；泥鳅洗净切小段。②油锅烧热，放入泥鳅段翻炒，烹入料酒，加盐炒熟后盛出。③锅置火上，放入大米，加适量清水煮至五成熟；放入泥鳅、黑豆、枸杞、姜末、黑芝麻煮至米粒开花，加盐调匀，撒上葱花便成。

煮粥技巧

芝麻炒制之后再煮，味道会更香。

坚果粥

Jian Guo Zhou

●坚果是植物的精华部分，含有丰富的营养，如蛋白质、油脂、矿物质、维生素等，有提神健脑、增强免疫力、保肝护肾、补血养颜等功效。有些常见的坚果如核桃、板栗、杏仁、花生、莲子、腰果、白果等，不仅能用于烹饪菜肴，而且还能用于制作粥品，且营养丰富，美味健康。本章就将为大家介绍一些常见的坚果，以及一些坚果粥的制作方法。

核桃又称胡桃，核坚硬，表面有凹凸，仁多油，营养丰富，既可以生食、炒食，也可以榨油，配制糕点、糖果等。每100克核桃仁约含蛋白质14.9克，脂肪58.8克，碳水化合物9.6克，膳食纤维9.6克，胡萝卜素30微克，钾385毫克，且含有硫胺素、核黄素、抗坏血酸等多种维生素。

相宜搭配及功效

核桃＋鳝鱼 ▶ 降低血糖

核桃＋红枣 ▶ 美容养颜

核桃＋薏米 ▶ 补肺、补脾

核桃＋黑芝麻 ▶ 补肝益肾

相克搭配及原因

核桃＋白酒 ▶ 导致血热

核桃＋野鸡肉 ▶ 导致血热

核桃＋黄豆 ▶ 引发腹痛、腹胀

养生功效

①预防动脉硬化、高血压：核桃中含有特殊的维生素成分，不但不升高胆固醇，还能减少肠道对胆固醇的吸收，适合动脉硬化、高血压和冠心病者食用。

②延缓衰老：核桃含有丰富的B族维生素和维生素E，可防止细胞老化，能健脑、增强记忆力及延缓衰老。

③润肌肤、乌须发：核桃仁含有亚麻油酸及钙、磷、铁，是人体理想的肌肤美容剂，经常食用有润肌肤、乌须发，及防治头发过早变白和脱落的功能。

桂圆核桃油菜粥

材料 大米100克，桂圆肉、核桃仁各20克，油菜10克

调料 白糖5克

做法

①大米淘洗干净，放入清水中浸泡；油菜洗净，切成细丝。②锅置火上，放入大米，加适量清水煮至八成熟。③放入桂圆肉、核桃仁煮至米粒开花，放入油菜稍煮，加白糖稍煮调匀便可。

煮粥技巧

核桃仁表面的褐色薄皮最好不要去掉，以免损失部分营养。

玉米核桃粥

●材料 核桃仁20克，玉米粒30克，大米80克

●调料 白糖3克，葱8克

●做法

①大米泡发洗净；玉米粒、核桃仁均洗净；葱洗净，切花。②锅置火上，倒入清水，放入大米、玉米煮开。③加入核桃仁同煮至浓稠状，调入白糖拌匀，撒上葱花即可。

煮粥技巧

核桃以大而饱满、色泽黄白、油脂丰富、无油臭味且味道清香的为佳。

花生核桃芝麻粥

●材料 黑芝麻10克，黄豆30克，花生米、核桃仁各20克，大米70克

●调料 白糖4克，葱花8克

●做法

①大米、黄豆均泡发洗净；花生米、核桃仁、黑芝麻均洗净，捞起沥干。②锅置火上，倒入清水，放入大米、黄豆、花生米煮开。③再加入核桃仁、黑芝麻转中小火煮至粥呈浓稠状，调入白糖拌匀，撒上葱花即可。

煮粥技巧

黑芝麻洗净后最好炒制5分钟，会让此粥更香。

板栗别名栗子、毛栗。每100克板栗中含有蛋白质4.2克，脂肪0.7克，碳水化合物42.2克，膳食纤维1.7克，此外还含有不饱和脂肪酸、维生素、矿物质等营养物质。

✓ 相宜搭配及功效

板栗＋茱萸 ▶ 防治动脉硬化
板栗＋红枣 ▶ 补肾虚
板栗＋鸡肉 ▶ 补肾虚、益脾胃
板栗＋白糖 ▶ 补肾虚、治腰痛

⊗ 相克搭配及原因

板栗＋牛肉 ▶ 降低营养价值
板栗＋羊肉 ▶ 不易消化、呕吐
板栗＋鸭肉 ▶ 引起中毒

养生功效

①**益气补脾，健胃厚肠：**板栗富含碳水化合物，能供给人体较多的热能，并能帮助脂肪代谢，保证机体基本营养物质供应，有益气健脾、厚补胃肠的作用。

②**防治心血管疾病：**板栗中含有丰富的不饱和脂肪酸、多种维生素和矿物质，可有效地预防和治疗高血压、冠心病、动脉硬化等心血管疾病。

③**强筋健骨：**板栗含有丰富的维生素C，能够维持牙齿、骨骼、血管肌肉的正常功能，可以预防和治疗骨质疏松、腰腿酸软、筋骨疼痛等，延缓人体衰老。

板栗花生猪腰粥

●材料　猪腰50克，板栗45克，花生米30克，糯米80克

●调料　盐3克，鸡精1克，葱花少许

●做法

①糯米淘净，浸泡3小时；花生米洗净；板栗去壳、去皮；猪腰洗净，剖开，除去腰臊，打上花刀，再切成薄片。②锅中注水，放入糯米、板栗、花生米旺火煮沸。③待米粒开花，放入腌好的猪腰，慢火熬至猪腰变熟，加盐、鸡精调味，撒入葱花即可。

煮粥技巧

猪腰切片后可用盐腌渍片刻再煮粥，更容易入味。

板栗白糖粥

●材料 大米100克，板栗30克

●调料 白糖6克，葱少许

●做法

①板栗去壳洗净；大米泡发洗净；葱洗净，切花。②锅置火上，注入清水，放入大米，用旺火煮至米粒绽开。③放入板栗，用中火熬至板栗熟烂后，放入白糖调味，撒上葱花即可。

煮粥技巧

煮粥前，将栗子煮15分钟后用凉水一冲，就可轻而易举剥掉硬壳了。

板栗桂圆粥

●材料 板栗肉、桂圆肉、腰果各20克，粳米100克

●调料 白糖6克，葱少许

●做法

①板栗肉、桂圆肉洗净；腰果泡发洗净；粳米泡发洗净。②锅置火上，注入清水后，放入粳米，用大火煮至米粒开花。③放入板栗肉、桂圆肉、腰果，用中火煮至粥呈稠状，调入白糖入味，撒上葱花即可。

煮粥技巧

此粥干果较多，煮粥时间最好在40分钟左右，这样煮出来的粥更可口。

松子别名海松子、红果松。按产地分：东北松子产于黑龙江和吉林，颗粒大而饱满；西南松子产于云南，颗粒中等；西北松子产于陕西，颗粒小。每100克松子中含有脂肪58.5克，蛋白质14.1克，碳水化合物12.2克，此外还含有油酸、亚油酸等不饱和脂肪酸。

相宜搭配及功效

松子＋鸡肉 ▶ 预防心脏病
松子＋兔肉 ▶ 美容养颜
松子＋核桃 ▶ 防治便秘
松子＋红枣 ▶ 养颜益寿

相克搭配及原因

松子＋羊肉 ▶ 引起腹胀、胸闷
松子＋蜂蜜 ▶ 腹痛、腹泻
松子＋西瓜 ▶ 容易引起腹泻

养生功效

①**祛病强身**：松子中富含不饱和脂肪酸，如亚油酸，是人体多种组织细胞的组成成分，多食松子能够促进儿童的生长发育和病后身体恢复。
②**抗衰老**：松子含有丰富的维生素E，是一种很强的抗氧化剂，能起抑制细胞内和细胞膜上的脂质过氧化作用，保护细胞免受自由基的损害，起抗衰老作用。
③**滋阴润肺、滑肠通便**：松子含有丰富的脂肪、棕榈碱、挥发油等，能润滑大肠而通便，缓泻且不伤正气，尤其适用于年老体弱、产后病后大便秘结者。

花生松子粥

●材料　花生米30克，松子仁20克，大米80克

●调料　盐2克，葱8克

●做法

①大米泡发洗净；松子仁、花生米均洗净；葱洗净，切花。②锅置火上，倒入清水，放入大米煮开。③加入松子仁、花生米同煮至浓稠状，调入盐拌匀，撒上葱花即可。

煮粥技巧

花生用温水泡涨了再煮粥，口感更好。

松子粥

●材料　粳米180克，松子90克

●调料　盐4克

●做法

①粳米、松子均洗净，放入碾磨器中磨碎。②锅里放磨好的粳米，倒水煮沸，转中火并盖上盖子焖煮一会儿，放入松子煮熟。③煮到浓稠状时，用盐调味，再煮一会儿，即可。

煮粥技巧

在粥煮到七成熟时，再放入松子，这样可以保持松子的原味不被破坏。

松子芦荟粥

●材料　松子仁、芦荟各适量，大米100克

●调料　盐3克

●做法

①大米洗净；芦荟洗净，切小片；松子仁洗净泡发。②锅置火上，注水后，放入大米，用大火煮至米粒绽开。③放入芦荟、松子仁，用小火煮至粥成，调入盐入味即可。

煮粥技巧

存放时间长的松子会产生“油哈喇”味，不宜食用。

杏仁别名杏核仁。每100克杏仁中含有蛋白质22.5克，脂肪45.4克，碳水化合物15.9克，膳食纤维8克，此外还含有维生素C、维生素E、不饱和脂肪酸、钙、铁等营养物质。

◎相宜搭配及功效

杏仁＋桔梗 ▶ 止咳、降气、祛痰

杏仁＋大米 ▶ 治痔疮、便血

杏仁＋菊花 ▶ 疏散风热、宜肺止咳

杏仁＋牛奶 ▶ 增加营养

⊗相克搭配及原因

杏仁＋板栗 ▶ 引起胃痛

杏仁＋菱角 ▶ 不利于蛋白质的吸收

杏仁＋猪肉 ▶ 引起肚子痛

◎养生功效

①预防疾病：杏仁含有丰富的黄酮类和多酚类成分，这种成分不但能够降低人体内胆固醇的含量，还能显著降低心脏病和很多慢性病的发病危险。

②润肺止咳：杏仁能止咳平喘、润肠通便，可治疗肺病、咳嗽等疾病。

③美容养颜：杏仁还含有丰富的维生素，有美容功效，能促进皮肤微循环，使皮肤红润光泽。

红枣杏仁粥

●材料 红枣15克，杏仁10克，大米100克

●调料 盐2克

●做法

①大米洗净，泡发半小时后，捞出沥干水分备用；红枣洗净，去核，切成小块；杏仁泡发，洗净。②锅置火上，倒入适量清水，放入大米，以大火煮至米粒开花。③加入红枣、杏仁同煮至浓稠状，调入盐拌匀即可。

煮粥技巧

杏仁在煲粥前需浸泡多次，并加热煮沸，以消除有毒物质。

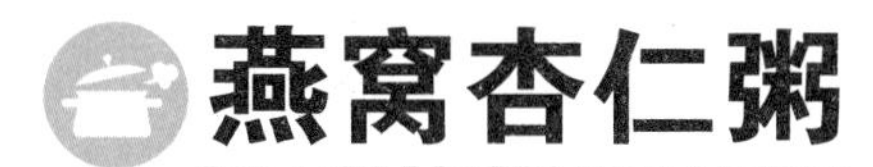

燕窝杏仁粥

●材料　燕窝、南杏仁各适量，大米100克

●调料　冰糖10克，葱花少许

●做法

①大米泡发洗净；燕窝用温水浸涨后，拣去燕毛杂质，用温水漂洗干净；南杏仁洗净。②锅置火上，放入大米，倒入清水煮至米粒开花。③待粥至浓稠状时，放入燕窝、南杏仁同煮片刻，调入冰糖煮至溶化，放入葱花即可。

煮粥技巧

煮粥之前，将燕窝泡发后要挑掉夹杂的毛。

芝麻花生杏仁粥

●材料　黑芝麻10克，花生米、南杏仁各30克，大米60克

●调料　白糖4克，葱8克

●做法

①大米泡发洗净；黑芝麻、花生米、南杏仁均洗净；葱洗净，再切花。②锅置火上，倒入清水，放入大米、花生米、南杏仁一同煮开。③加入黑芝麻同煮至浓稠状，调入白糖拌匀，撒上葱花即可。

煮粥技巧

真正的黑芝麻颜色应该是深灰色的，而非黑得发亮。

花生是一年生草本植物，又名落花生、果子、长寿果、地果、长生果。每100克花生中含有蛋白质12克，脂肪25克，碳水化合物13克，膳食纤维7.7克，此外还含有糖类、维生素A、钙、磷、铁、氨基酸、不饱和脂肪酸、卵磷脂等营养物质。

相宜搭配及功效

花生＋红枣 ▶ 健脾、止血

花生＋芹菜 ▶ 预防心血管疾病

花生＋猪蹄 ▶ 补血催乳

花生＋醋 ▶ 增食欲、降血压

相克搭配及原因

花生＋螃蟹 ▶ 导致肠胃不适、腹泻

花生＋黄瓜 ▶ 导致腹泻

花生＋蕨菜 ▶ 导致消化不良

养生功效

①预防心脑血管疾病：花生油中含有大量的亚油酸，这种物质可使人体内胆固醇分解为胆汁酸排出体外，避免胆固醇在体内沉积，预防心脑血管疾病的发生。

②延缓衰老：花生富含锌元素，锌能增强大脑记忆，可激活中老年人脑细胞，具有抗老化作用。

③促进儿童骨骼发育：花生富含钙，可促进儿童骨骼发育。

花生蛋糊粥

● 材料　花生米10克，鸡蛋1个，红枣5颗，糯米50克

● 调料　蜂蜜5克，葱花适量

● 做法

①糯米洗净，放入清水中浸泡；花生米、红枣洗净。②锅置火上，注入清水，放入糯米煮至五成熟。③放入花生米、红枣煮至粥将成，磕入鸡蛋，打散略煮，加蜂蜜调匀，撒上葱花即可。

煮粥技巧

放入鸡蛋后，要用筷子搅拌，但是不要搅得太散。

枸杞麦冬花生粥

●材料　花生米30克，大米80克，枸杞、麦冬各适量

●调料　白糖3克，葱花适量

●做法

①大米洗净，放入冷水中浸泡1小时后，捞出备用；枸杞、花生米、麦冬均洗净。②锅置火上，放入大米，倒入清水煮至米粒开花，放入花生米、麦冬同煮。③待粥至浓稠状时，放入枸杞煮片刻，调入白糖拌匀，撒上葱花即可。

煮粥技巧

宜选用粒大饱满、颜色鲜红的枸杞煮粥，味道更佳。

花生红枣大米粥

●材料　花生米30克，红枣20克，大米80克

●调料　白糖3克，葱8克

●做法

①大米泡发洗净；花生米洗净；红枣洗净，去核，切成小块；葱洗净，切花。②锅置火上，倒入清水，放入大米、花生米煮开。③再加入红枣同煮至粥呈浓稠状，调入白糖拌匀，撒上葱花即可。

煮粥技巧

花生用温水泡涨了再煮粥，口感更好。

莲子是常见的滋补之品，有很好的滋补作用。古人认为经常服食莲子，百病可祛。莲子“享清芳之气，得稼穑之味，乃脾之果也”。每100克莲子中含有蛋白质17.2克，脂肪2克，碳水化合物67.2克，膳食纤维3克，此外还含有钙、磷、钾等营养物质。

相宜搭配及功效

莲子+红薯 ▶ 通便、美容
莲子+枸杞 ▶ 乌发明目、轻身延年
莲子+鸭肉 ▶ 补肾健脾、滋补养阴
莲子+红枣 ▶ 促进血液循环

相克搭配及原因

莲子+蟹 ▶ 产生不良反应
莲子+龟 ▶ 产生不良反应
莲子+猪肚 ▶ 易中毒

养生功效

①**增强免疫：**莲子含有丰富的磷，是细胞核蛋白的主要组成部分，能帮助机体进行蛋白质、脂肪、糖类代谢，并维持酸碱平衡，可以增强人体免疫力。
②**降血压：**莲子所含非结晶形生物碱N-9有降血压作用。
③**强心安神：**莲子心所含生物碱具有显著的强心作用，莲心碱则有较强的抗钙及抗心律不齐的作用。
④**滋养补虚、止遗涩精：**莲子含有棉子糖，对于久病、产后或老年体虚者，更是常用营养佳品。

枸杞牛肉莲子粥

材料 牛肉100克，枸杞30克，莲子50克，大米80克

调料 盐3克，鸡精2克，葱花适量

做法

①牛肉洗净，切片；莲子洗净，浸泡后，挑去莲心；枸杞洗净；大米淘净，泡半小时。②大米入锅，加适量清水，旺火烧沸，下入枸杞、莲子，转中火熬煮至米粒开花。③放入牛肉片，用慢火将粥熬出香味，加盐、鸡精调味，撒上葱花即可。

煮粥技巧

枸杞可以先泡软再煮，味道更佳。

茯苓莲子粥

● 材料　大米100克，茯苓、红枣、莲子各适量

● 调料　白糖、红糖各3克

● 做法

①大米洗净；红枣洗净，切小块；茯苓洗净；莲子洗净泡发后去除莲心。②锅置火上，倒入清水，放入大米，以大火煮开。③加入茯苓、莲子同煮至熟，再加入红枣，以小火煮至浓稠状，调入白糖、红糖拌匀即可。

煮粥技巧

煮此粥最好选用白色、颗粒饱满、无霉点的莲子。

莲子红米粥

● 材料　莲子40克，红米80克

● 调料　红糖10克

● 做法

①红米泡发洗干净；莲子洗干净。②锅置火上，倒入清水，放入红米、莲子煮至开花。③加入红糖同煮至浓稠状即可。

煮粥技巧

莲心有清热解毒的功效，需要食疗者，可以不去除，但是粥会有苦味。

腰果是世界四大干果之一，营养丰富，有麝香味，较甜美，可以当水果吃，也可作果仁糖、点心、蜜饯或炸果仁、盐渍果仁等。腰果含蛋白质、脂肪、碳水化合物、膳食纤维、灰分、维生素A、胡萝卜素、核黄素、维生素C、维生素E、钙、磷、钾等营养成分。

相宜搭配及功效

腰果＋莲子 ▶ 安神
腰果＋茯苓 ▶ 增强免疫力
腰果＋薏米 ▶ 补润五脏
腰果＋芡实 ▶ 护肤养颜

相克搭配及原因

腰果＋虾仁 ▶ 导致高钾血症
腰果＋鸡蛋 ▶ 腹痛、腹泻
腰果＋柿子 ▶ 导致腹泻

养生功效

①开胃消食：腰果含有丰富、多样的B族维生素，对食欲不振、心衰、下肢浮肿及多种炎症有显著功效。
②预防心脑血管疾病：腰果含有丰富的油酸和亚油酸，能有效预防高血脂、冠心病等病症，可有助于中老年人预防心血管疾病。
③延缓衰老：腰果还含有丰富的油脂，可以润肠通便，润肤美容，延缓衰老。

腰果糯米甜粥

●材料　腰果20克，糯米80克

●调料　白糖3克，葱8克

●做法

①糯米泡发洗净；腰果洗净；葱洗净，切花。②锅置火上，倒入清水，放入糯米煮至米粒开花。③加入腰果同煮至浓稠状，调入白糖拌匀，撒上葱花即可。

煮粥技巧

此粥用大火煮开后再转小火煮半小时左右，这样煮出来的粥更香更甜。

核桃腰果杏仁粥

●材料 大米70克，腰果、核桃仁、北杏仁各30克

●调料 冰糖适量，葱适量

●做法

①大米泡发洗净，泡发半小时后沥干水分备用；腰果、核桃仁、北杏仁均洗净；葱洗净，切花。②锅置火上，倒入清水，放入大米煮至米粒开花。③加入腰果、核桃仁、北杏仁、冰糖同煮至浓稠，撒上葱花即可。

煮粥技巧

核桃仁可掰成小粒，这样煮粥味道更佳，营养更丰富。

红豆腰果燕麦粥

●材料 红豆30克，腰果适量，燕麦片40克

●调料 白糖4克

●做法

①红豆泡发洗净，备用；燕麦片洗净；腰果洗净。②锅置火上，倒入清水，放入燕麦片和红豆、腰果，以大火煮开。③转小火将粥煮至呈浓稠状，调入白糖拌匀即可。

煮粥技巧

挑选外观色泽白、油脂丰富、无蛀虫的腰果煮粥为佳。

白果

白果是白果树的果实，原产我国。白果果仁含有多种营养元素，除淀粉、蛋白质、脂肪、糖类之外，还含有维生素C、核黄素、胡萝卜素、钙、磷、铁、钾、镁等微量元素。

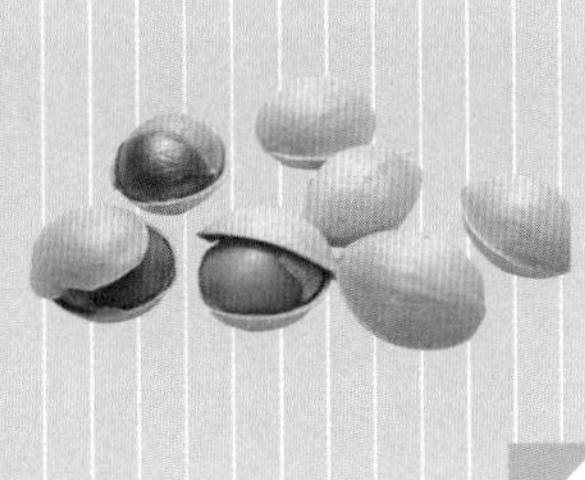

相宜搭配及功效

白果+鸡蛋 ▶ 治疗小儿腹泻
白果+蜗牛 ▶ 治疗遗尿
白果+干姜 ▶ 治疗美尼尔综合征
白果+冰糖 ▶ 用于喘咳痰稀

相克搭配及原因

白果+鳗鱼 ▶ 引起身体不适
白果+草鱼 ▶ 引起身体不适
白果+柿子 ▶ 导致甲状腺炎

养生功效

①**提神健脑：**白果含有丰富的维生素、胡萝卜素等营养物质，具有通畅血管、改善大脑功能、延缓老年人大脑衰老、增强记忆能力、治疗阿尔茨海默病和脑供血不足等功效。

②**杀菌：**白果中含有的白果酸、白果酚，经实验证明有抑菌和杀菌作用，可用于治疗呼吸道感染性疾病。

③**止咳：**白果味甘苦涩，具有敛肺气、定喘咳的功效，对于肺病咳嗽、老人虚弱体质的哮喘及其他各种哮喘痰多者，均有辅助食疗作用。

白果瘦肉粥

●**材料** 白果、猪肉、玉米粒各30克，红枣10克，大米适量

●**调料** 盐3克，味精1克，葱花少许

●**做法**

①玉米粒洗净；猪肉洗净，切丝；红枣洗净，去核，切碎；大米淘净；白果去壳，入锅中煮熟，剥去外皮，切掉两头，取心。②锅中注水，下入大米、玉米、白果、红枣，旺火烧开，改中火，下入猪肉煮至猪肉变熟。③熬煮成粥，加调味料，撒上葱花即可。

煮粥技巧

白果要浸泡多次并煮沸，才可消除有毒物质。

家常养生粥

Jiachang Yangsheng Zhou

●古语有云："世间第一补人之物乃粥也。"五谷熬粥，甘淡养人，含四气五味，对人体有极好的滋补养生作用。常喝杂粮坚果粥不仅可以养五脏，预防疾病，还可以延年益寿。本章将为大家介绍几百款家常养生粥，这些粥有增强免疫力、清热祛火、补血养颜、排毒瘦身、镇静安神、健脾和胃、养心润肺等养生保健功效，可以为大家的身心健康保驾护航。

增强免疫

免疫力是指机体抵抗外来侵袭，维护体内环境稳定性的能力。空气中充满了各种各样的微生物，如细菌、病毒、支原体、衣原体、真菌等。免疫力是人体自身对有害物质的防御力，一旦这种防御力不能达到正常水平，人体就会出现免疫力低下的症状。

免疫力下降的表现：免疫力低下最直接的表现就是容易生病，极易招致细菌、病毒、真菌等感染。且因经常患病，加重了机体的消耗。所以，一般有体质虚弱、营养不良、精神萎靡、疲乏无力、食欲降低、睡眠障碍等表现，就应该调理身体了。

增强免疫力的饮食原则：保证营养均衡和提高睡眠质量是增强免疫力的最佳方法。而食疗也是一种方法，可以多吃清淡而富有营养的食物以及杂粮坚果和其他富含维生素A、维生素C、锌、铁等营养物质的各类食物。

重点推荐的食材有：绿豆、红豆、豌豆、玉米、山药、核桃、板栗、莲子、芥蓝、菜花、胡萝卜、南瓜、洋葱、白菜、菠菜、芹菜、韭菜、猪肉、鱼肉、海带、牛奶、鸡蛋等。

高粱豌豆玉米粥

●**材料** 高粱米60克，豌豆、玉米粒各30克，甘蔗汁适量

●**调料** 白糖4克

●**做法**

①高粱米泡发洗净；玉米粒、豌豆均洗净。②锅置火上，加入适量清水，放入高粱米、豌豆、玉米粒开大火煮开。③倒入甘蔗汁，转小火煮至浓稠状时，调入白糖拌匀即可。

营养功效

高粱能够为人体补充营养，增强人体免疫力；玉米胚尖所含的营养物质能增强新陈代谢。此粥具有增强免疫力的功效。

红枣百合核桃粥

●材料　糯米100克，百合、红枣、核桃仁各20克

●调料　白糖5克

●做法

①糯米泡发洗净；百合洗净；红枣去核洗净；核桃仁泡发洗净。②锅置火上，注水后，放入糯米，用旺火煮至米粒绽开。③放入百合、红枣、核桃仁，改用小火煮至粥成，调入白糖入味即可。

营养功效

百合有良好的营养滋补功效；红枣和核桃均是滋补食材。百合、红枣和核桃三者同煮粥，可增强人体免疫功能。

花生芦荟粥

●材料　大米100克，芦荟、花生米各20克

●调料　盐2克，味精少许

●做法

①大米泡发洗净；芦荟洗净，切小片；花生米洗净泡发。②锅置火上，注入清水后，放入大米、花生米煮至熟时。③放入芦荟，用小火煮至粥成，调入盐、味精入味，即可食用。

营养功效

芦荟可提高机体的抗病能力；花生具有健脾和胃、润肺化痰的作用。此粥含丰富的蛋白质，常食可以增强人体免疫力，还可护肤养颜。

猪腰黑米花生粥

● 材料　猪腰50克，黑米30克，花生米、薏米、红豆、绿豆各20克

● 调料　盐3克，葱花5克

● 做法

①猪腰洗净，去腰臊，切花刀；花生米洗净；其他原材料淘净，泡3小时。②将泡好的原材料（除花生米、猪腰）入锅，加水，煮沸，再下入花生米，中火熬煮半小时。③等黑米煮至开花，放入猪腰，待猪腰变熟，调入盐调味，撒上葱花即可。

营养功效

猪腰有健肾补腰、和肾理气之功效；花生含20多种微量元素，对人体有滋养保健的功效。常食此粥可增强人体免疫力，滋补身体。

南瓜红豆粥

● 材料　红豆、南瓜各适量，大米100克

● 调料　白糖6克

● 做法

①大米泡发洗净；红豆泡发洗净；南瓜去皮洗净，切小块。②锅置火上，注入清水，放入大米、红豆、南瓜，用大火煮至米粒绽开。③再改用小火煮至粥成后，调入白糖，即可食用。

营养功效

红豆有健脾益胃、通气除烦功效；南瓜含有丰富的矿物质，以及人体必需的8种氨基酸和多种微量元素。此粥营养丰富，能够起到增强人体免疫力的作用。

南瓜百合杂粮粥

●材料　南瓜、百合各30克，糯米、糙米各40克

●调料　白糖5克

●做法

①糯米、糙米均泡发洗净；南瓜去皮洗净，切丁；百合洗净，切片。②锅置火上，倒入清水，放入糯米、糙米、南瓜煮开。③加入百合同煮至浓稠状，调入白糖拌匀即可。

营养功效

南瓜百合杂粮粥是人们日常生活中的健康粥品首选。此粥既能够促进食欲，又能够为虚弱的病人补充体力，增强抵抗力。

温馨提示 Tips

糖尿病人不适宜多吃南瓜。

山药冬菇瘦肉粥

●材料　山药、冬菇、猪肉末各100克，大米80克

●调料　盐3克，葱花5克

●做法

①冬菇泡发，切片；山药洗净，去皮切块；大米淘净，捞出沥干水分。②锅中注水，下入大米、山药，大火烧开至粥冒气泡时，下入猪肉末、冬菇煮至熟。③再改小火将粥熬好，调入盐调味，撒上葱花即可。

营养功效

山药是虚弱、疲劳或病愈者恢复体力的佳品；冬菇含有朴菇素，可增强机体正气；瘦肉可增强人体免疫功能。此粥可养生固本、增强免疫力。

温馨提示 Tips

山药有收涩作用，大便燥结者不宜食用此粥。

绿豆三仁小米粥

●材料　绿豆30克，花生仁、核桃仁、杏仁各20克，小米70克

●调料　白糖4克

●做法

①小米、绿豆均泡发洗净；花生仁、核桃仁、杏仁均洗净。②锅置火上，加入适量清水，放入所有准备好的材料，开大火煮开。③再转中火煮至粥呈浓稠状，调入白糖拌匀即可。

营养功效

花生仁有健脾和胃及提高免疫力的作用；核桃仁性温，味甘，富含蛋白质。此粥温补，并且有助于增强免疫力。

糯米黑豆粥

●材料　糯米100克，黑豆30克，红枣20克

●调料　白糖3克

●做法

①糯米、黑豆均泡发洗净；红枣洗净，去核，切成小块。②锅置火上，倒入清水，放入糯米、黑豆煮至米、豆均开花。③再加入红枣同煮至粥呈浓稠状且冒气泡时，调入白糖拌匀即可食用。

营养功效

黑豆具有祛风除湿、调中下气、活血、解毒、利尿、明目等食疗作用；糯米益气养阴，能够温补脾胃。此粥具有增强免疫力的食养功效。

莲子山药粥

● 材料　玉米粒10克，莲子13克，山药20克，粳米80克

● 调料　盐3克，葱少许

● 做法

①粳米、莲子泡发洗净；玉米粒洗净；山药去皮洗净，切块；葱洗净，切花。②锅置火上，注水后，放入粳米用大火煮至米粒开花，放入玉米、莲子、山药同煮。③用小火煮至粥成，调入盐入味，撒上葱花即可食用。

营养功效

莲子有清心醒脾、健脾补胃等功效；山药则能生津益肺，有效缓解脾虚食少等症。此粥在补充膳食纤维的同时能增强免疫力。

芋头香菇粥

● 材料　大米100克，芋头35克，猪肉100克，香菇20克，虾米10克

● 调料　盐3克，鸡精1克，芹菜粒5克

● 做法

①香菇洗净，切片；猪肉洗净，切末；芋头洗净，去皮，切小块；虾米洗净，捞出；大米淘净，泡好。②锅中注水，放入大米烧开，改中火，下入其余备好的原材料。③将粥熬好，加盐、鸡精调味，撒入芹菜粒即可。

营养功效

香菇有补肝肾的作用，含有丰富的维生素D；芋头可作为预防癌症的常用食材。此粥可有效增强人的抵抗力，补肝肾，防癌抗癌。

清热祛火

上火是日常生活中较为常见的现象，大多数情况下是由于饮食不当所引起的。当上火的症状严重时有必要服用药物或寻求医生帮助，但在一般情况下，当出现轻微的上火现象时，人们更多的是通过进食来降火。

上火的表现：面红目赤、牙疼肿胀、尿少便干、烦躁失眠、舌红苔黄、发热出汗等，都属于上火的表现。

清热祛火的饮食原则：要清热祛火，就应该多食用一些具有降火功效的食物，比如一些味苦、性寒凉、宜败火的食物，而不应该食用一些热量高、脂肪多、性温热的食物，热性体质的人尤其应该注意。日常生活中多挑选一些含有氨基酸、果胶、维生素、钙和镁等营养物质的食物来食用，能起到清热祛火、强身健体的作用，且能帮助将体内多余的热量排出体外。

重点推荐的食材有：小米、绿豆、黄豆、红豆、燕麦、山药、花生、黑芝麻、西红柿、白萝卜、冬瓜、黄瓜、鲫鱼、香菇、金针菇、酸奶、山楂等。

红豆枇杷粥

●**材料**　红豆80克，枇杷叶15克，大米100克

●**调料**　盐2克

●**做法**

①大米泡发洗净；枇杷叶刷洗净绒毛，切丝；红豆泡发洗净。②锅置火上，倒入清水，放入大米、红豆，以大火煮至米粒开花。③下入枇杷叶，再转小火煮至粥呈浓稠状，调入盐拌匀即可。

营养功效

枇杷有化痰止咳、和胃止呕的功效，为清解肺热和胃热的常用药；红豆有利于消肿排脓、清热解毒。上火的人常吃此粥能有效地降火排毒。

小米黄豆粥

● 材料　小米80克，黄豆40克

● 调料　白糖3克，葱5克

● 做法

①小米淘洗干净；黄豆洗净，浸泡至外皮发皱后，捞起沥干；葱洗净，切成花。②锅置火上，倒入清水，放入小米与黄豆，以大火煮开。③待煮至浓稠状，撒上葱花，调入白糖拌匀即可。

营养功效

小米富含淀粉和维生素，性凉，适宜面色潮红者、脂溢性皮炎患者食用；黄豆中含有维生素E和胡萝卜素等。上火虚热的人食用此粥可以清热祛火。

温馨提示Tips

用蜂蜜为此粥调味，味道也很好。

山药芝麻小米粥

● 材料　山药、黑芝麻各适量，小米70克

● 调料　盐2克，葱8克

● 做法

①小米泡发洗净；山药洗净，切丁；黑芝麻洗净；葱洗净，切花。②锅置火上，倒入清水，放入小米、山药煮开。③加入黑芝麻同煮至浓稠状，调入盐拌匀，撒上葱花即可。

营养功效

芝麻性平，味甘，含有B族维生素，具有润肠、滋养的作用；小米有利于缓解燥热上火、发热出汗症状。此粥具有降火功效。

温馨提示Tips

此粥加入芝麻后，改用小火煮，这样味道更好。

萝卜豌豆山药粥

●**材料** 白萝卜、胡萝卜、豌豆各适量，山药30克，大米100克

●**调料** 盐3克

●**做法**

①大米洗净；山药去皮洗净，切块；白萝卜、胡萝卜洗净，切丁；豌豆洗净。②锅内注水，放入大米、豌豆，用大火煮至米粒绽开，放入山药、白萝卜、胡萝卜。③改用小火，煮至粥浓稠，放入盐拌匀入味即可食用。

营养功效

胡萝卜富含糖类和胡萝卜素，能用于清热解毒、降气止咳；豌豆有解疮毒、促进新陈代谢的功效。此粥有助于清热降火。

猪肝黄豆粥

●**材料** 黄豆、猪肝各100克，大米80克

●**调料** 姜丝、盐、鸡精各适量

●**做法**

①黄豆拣去杂质，淘净，浸泡1小时；猪肝洗净，切片；大米淘净，浸泡发透。②锅中注入适量清水，下入大米、黄豆，开旺火煮至米粒开花。③下入猪肝、姜丝，熬煮成粥，加鸡精、盐调味即可。

营养功效

猪肝富含维生素，具有降火、补血健脾、养肝明目的功效；黄豆富含钙、锌、铁、磷、糖类以及膳食纤维。此粥可以帮助调节饮食结构，清热降火。

花生猪排粥

●材料　大米200克，花生米50克，猪排骨180克

●调料　盐4克，味精1克，香菜段少许

●做法

①猪排骨洗净，砍小块，汆水，捞出；大米淘净；花生米洗净。②将排骨连汤倒入锅中，旺火烧开，下入大米、花生同煮成粥。③最后调入盐、味精调味，撒入香菜即可。

营养功效

猪骨有润肠胃的食疗作用；花生具有健脾和胃、润肺化痰、清喉补气的功效。此粥有助于治疗舌红苔黄、发热出汗等上火的症状。

羊肉南瓜薏米粥

●材料　羊肉50克，南瓜丁80克，薏米40克，大米150克

●调料　盐3克，味精1克，姜丝10克，葱花6克

●做法

①羊肉洗净，切片；薏米、大米淘净。②大米、薏米放入锅中，加清水，旺火煮沸，下入南瓜丁、姜丝，改中火煮熟。③再下入羊肉片煮熟，加盐、味精调味，撒入葱花即可。

营养功效

南瓜含有较丰富的维生素，有清热解毒之功；薏米能够帮助祛湿和降燥热。此粥能够减少体内热气堆积，清热祛火。

泥鳅花生粥

●**材料** 泥鳅50克，花生米20克，大米80克

●**调料** 盐3克，料酒、胡椒粉、香菜末各适量

●**做法**

①大米、花生米均洗净；泥鳅收拾干净后切段，用料酒腌渍去腥。②锅置火上，注入清水，放入大米、花生米煮至粥将成。③放入泥鳅煮至熟，加盐、胡椒粉调匀，撒上香菜末即可。

营养功效

泥鳅有暖中益气之功效；花生可润喉、改善上火症状。泥鳅花生粥对于上火、燥热之人来说是一道食疗粥品，可有效降火降燥。

鲫鱼薏米粥

●**材料** 鲫鱼50克，大米、薏米各50克，枸杞适量

●**调料** 盐3克，味精2克，料酒、葱花、芝麻油各适量

●**做法**

①大米、薏米洗净，用清水浸泡；鲫鱼洗净切小片，用料酒腌渍去腥。②锅置火上，加水，放入米、薏米煮五成熟。③放鱼肉、枸杞煮至粥将成，加盐、味精、芝麻油调匀，撒上葱花便可。

营养功效

鲫鱼富含蛋白质，而且易于被人体所吸收，有明显的清热解毒作用；薏米含糖类、维生素等，有清肺热的作用。此粥有利于清热解毒。

鲫鱼玉米粥

● 材料　大米、鲫鱼、玉米粒各适量

● 调料　盐3克，味精2克，葱白丝、葱花、姜丝、料酒、香醋、麻油各适量

● 做法

①大米洗净；鲫鱼收拾干净后切小片，用料酒腌渍；玉米粒洗净备用。②锅置火上，放入大米，加适量清水煮至五成熟。③放入鱼肉、玉米、姜丝煮至米粒开花，加盐、味精、麻油、香醋调匀，放入葱白丝、葱花便可。

营养功效

鲫鱼有益气健脾、利水消肿、清热解毒之功效；玉米有开胃益智、宁心活血、调理中气等功效。此粥利于清热祛火、强身健体。

温馨提示 Tips

胃病患者不能吃玉米。

鳝鱼红枣粥

● 材料　鳝鱼50克，红枣10克，大米100克

● 调料　盐3克，鸡精2克，姜末、香菜叶各适量

● 做法

①大米、红枣均洗净；鳝鱼收拾干净后切段。②锅置火上，注入清水，放入大米、鳝鱼段、姜末煮至五成熟。③放入红枣煮至粥将成，加盐、鸡精调匀，撒上香菜叶即可。

营养功效

黄鳝具有清热解毒、凉血止痛、滋补肝肾、祛风通络等功效；红枣有补脾和胃、益气生津等功效。此粥可以清热解毒，还能防癌抗癌。

温馨提示 Tips

小儿、成人痰多者和大便秘结者应忌食红枣。

补血养颜

中医认为，血是构成人体并维持人体生命活动的基本物质之一。造血细胞、骨髓造血微环境和造血原料的异常、饮食不当、营养不良等都可能会引起贫血。

贫血的表现：头昏、耳鸣、头痛、失眠、多梦、记忆力减退、注意力不集中、小孩容易哭闹、夜啼等，这些都属于贫血的表现。

补血养颜的饮食原则：首先，要想补血养颜，就要均衡摄入动物肝脏、蛋黄、谷类等富含铁质的食物。如果食物中的铁质含量不高或严重缺乏，就要马上补充。其次，维生素C能帮助人体吸收铁质，也能优化人体造血功能，所以也要充分地摄入。最后，蛋白质、叶酸、维生素B_1等营养物质也都是“造血原料”，含有这类物质的食材也应该多摄入。

重点推荐的食材有：小米、薏米、红豆、核桃、花生、红枣、桂圆、胡萝卜、猪肝、牛肉、羊肉、鸡肉、鸡蛋、鱼肉、虾、黑木耳、牛奶等。

温馨提示Tips

尿频的人应注意少喝此粥。

黑枣红豆糯米粥

● **材料** 黑枣30克，红豆20克，糯米80克

● **调料** 白糖3克，葱花2克

● **做法**

①糯米、红豆均洗净泡发；黑枣洗净。②锅中入清水加热，放入糯米与红豆，以大火煮至米粒开花。③加入黑枣同煮至浓稠状，调入白糖，拌匀撒上葱花即可。

营养功效

黑枣含有丰富的蛋白质、维生素、糖类和膳食纤维，有补血养颜的功效；红豆富含铁质，有补血、促进血液循环的功效。常食此粥能补血养颜。

双豆大米粥

●材料　黑豆、豌豆各25克，大米70克，浮萍适量

●调料　盐2克

●做法

①大米、黑豆均泡发洗净；豌豆洗净；浮萍洗净，加水煮好，取汁待用。②锅置火上，加入适量清水，放入大米、黑豆、豌豆煮开，再倒入煎煮好的浮萍汁液。③待煮至浓稠状，调入盐拌匀即可。

营养功效

豌豆富含维生素C，具有美容养颜的功效；黑豆有补血作用。常食此粥，能够养脾、和胃、补气、补血、养颜。

温馨提示 Tips

豌豆多食会腹胀，慢性胰腺炎患者忌食此粥。

红枣阿胶粥

●材料　大米100克，阿胶、红枣各20克

●调料　白糖5克，葱花少许

●做法

①大米淘洗干净，用清水浸泡；红枣洗净；阿胶洗净，打碎，再入锅中煨至烊化。②锅置火上，注入清水，放入大米煮至八成熟。③放入阿胶、红枣煮至米粒开花，放入白糖稍煮后调匀，撒葱花便可。

营养功效

阿胶是常用的补血良药，具有补血、止血的功效；红枣能够补中益气。此粥可用于治疗心悸、失眠、血虚、便血、月经不调等病症。

温馨提示 Tips

枣皮中含有丰富的营养成分，煮粥时勿去掉。

芦荟红枣粥

●材料　芦荟、红枣各20克，大米100克

●调料　白糖6克

●做法

①大米泡发洗净；芦荟去皮，洗净，切成小片；红枣去核洗净，切成瓣。②锅置火上，注入清水，放入大米，用大火煮至米粒绽开。③放入芦荟、红枣，改用小火煮至粥成，调入白糖入味，即可食用。

营养功效

红枣对缓解贫血、血小板减少等病症有益处；芦荟有助血糖代谢，能起美容功效。此粥能够帮助补血宁神、滋阴养颜。

豆腐南瓜粥

●材料　南瓜、豆腐各30克，大米100克

●调料　盐2克，葱花少许

●做法

①大米泡发洗净；南瓜去皮洗净，切块；豆腐洗净，切块。②锅置火上，注入清水，放入大米、南瓜用大火煮至米粒开花。③再放入豆腐，用小火煮至粥成，加入盐调味，撒上葱花即可。

营养功效

豆腐中含有豆腐蛋白、脂肪、碳水化合物、氨基酸等物质，具有补血养颜、增强免疫力的功效；南瓜是补血养颜的佳品。常食此粥能滋补养颜。

木耳山药粥

●材料　水发木耳20克，山药30克，大米100克

●调料　盐2克，味精1克，葱少许

●做法

①大米洗净泡发；山药去皮洗净，切块；水发木耳洗净，切丝；葱洗净，切花。②锅置火上，注入水后，放入大米煮开，放入山药、木耳。③改用小火煮至粥成，调入盐、味精入味，撒上葱花即可。

营养功效

木耳有滋润之功，营养丰富，能够补血养颜，尤其适于女性食用；山药滋补，养阴润肺。此粥能够补血养颜，滋养皮肤。

温馨提示Tips

木耳最好先用盐搓一下，可去除细菌杂质。

花生银耳粥

●材料　银耳20克，花生米30克，大米80克

●调料　白糖3克

●做法

①大米泡发洗净；银耳泡发洗净，切碎；花生米泡发，洗干净备用。②锅置火上，注入适量清水，放入大米、花生煮至米粒开花。③最后放入银耳，煮至浓稠，再调入白糖拌匀即可。

营养功效

银耳对阴虚、血虚者是一种良好补品；花生含蛋白质丰富，能养血补血。女性在失血过多或需要补血时食用此粥能够帮助补血和养颜。

温馨提示Tips

应选用耳肉肥厚的银耳煲粥。

猪肝南瓜粥

● **材料** 猪肝100克，南瓜100克，大米80克

● **调料** 葱花、料酒、盐、味精、芝麻油各适量

● **做法**

①南瓜洗净，去皮，切块；猪肝洗净，切片；大米淘净，泡好。②锅中注水，下入大米，用旺火烧开，下入南瓜，转中火熬煮。③待粥快熟时，下入猪肝，加盐、料酒、味精，等猪肝熟透，淋芝麻油，撒上葱花即可。

营养功效

猪肝中的铁质可以改善贫血病人的造血系统；南瓜富含维生素A、B族维生素等，有补血的功效。此粥有补血、改善肤质的作用。

猪肝糯米萝卜粥

● **材料** 猪肝100克，糯米80克，胡萝卜干50克，油菜30克

● **调料** 盐3克，葱花5克

● **做法**

①猪肝洗净，切片；糯米淘净，浸泡3小时后捞出沥水备用；油菜洗净，切碎；胡萝卜干洗净，切小段。②糯米入锅，加适量清水，旺火烧沸，下入胡萝卜干，转中火熬煮至粥将成。③下入猪肝、油菜，慢熬成粥，调入盐调味，撒上葱花即可。

营养功效

糯米可补血、补虚、健胃；萝卜中含有维生素较多，可补气、补血、增强免疫力；猪肝可预防贫血。此粥营养丰富，可调理肠胃、补血养颜。

皮蛋火腿鸡肉粥

●材料　大米80克，鸡肉120克，皮蛋2个，火腿60克

●调料　盐3克，葱花适量

●做法

①大米洗净；鸡肉洗净，切丁；皮蛋去壳，切丁；火腿剥去肠衣，切块。②大米放入锅中，加适量清水大火烧沸，下入鸡肉，转中火熬煮至米粒软散。③下入皮蛋、火腿，慢火熬至粥浓稠，加盐调味，撒入葱花即可。

营养功效

火腿富含各种矿物质和氨基酸等营养成分；鸡肉有益气补血、增强免疫力的功效。此粥有补血养颜、强身健体的功效。

温馨提示 Tips
鸡肉可以稍微煸炒一下再煮。

玫瑰花鸡汤粥

●材料　玫瑰花适量，大米100克

●调料　盐2克，鸡汤、葱花适量

●做法

①大米泡发洗净；玫瑰花洗净，沥干，备用。②锅置火上，倒入鸡汤，放入大米，以大火煮至米粒开花。③加入玫瑰花煮至浓稠状，调入盐拌匀，撒入葱花即可。

营养功效

玫瑰花具有和血散瘀功效，可缓解月经不调、赤白带下等病症；鸡肉含有丰富的能量，用于补养身体。此粥可有效养气血，也能美容。

温馨提示 Tips
如果没有熬制好的鸡汤，也可用鸡肉直接熬煮。

排毒瘦身

人体内大多数的毒素是从饮食中来的，腌制、油炸食品不仅不具备排毒功效，还会增加体内的毒素。而肥胖是指体重过度增长，甘油三酯（三酰甘油）积聚过多而导致的一种状态。一般是由于自身疾病或是食物摄入过量所致。

肥胖的表现：肥胖的早期表现是体重增加、外形改变，后期严重者可能会伴随有一些高血糖、活动不便、容易气喘等症状。

排毒瘦身的饮食原则：宜多吃富含纤维素的食物，如糙米及大部分的蔬菜、水果，都能帮助排出毒素。另外，吃东西时要细嚼慢咽，因为口腔中能分泌较多的唾液，而唾液能中和各种有毒物质，引起连锁反应。因此，细嚼慢咽也是非常有利于排毒的饮食习惯。

重点推荐的食材有：小米、糙米、薏米、高粱、大麦、玉米、红豆、绿豆、黄豆、扁豆、土豆、红薯、花生、核桃、菠菜、油菜、白菜、西红柿、胡萝卜、芹菜、苦瓜、黄瓜、猪肉、猪血、鸡肉、鸡蛋、鱼肉、木耳、海带、木瓜等。

温馨提示Tips

此粥尤其适合妇女产后腹痛者食用。

肉桂米粥

●**材料** 肉桂适量，大米100克

●**调料** 白糖3克，葱花适量

●**做法**

①大米泡发半小时后捞出沥干水分，备用；肉桂洗净，加水煮好，取汁待用。②锅置火上，加入适量清水，放入大米，以大火煮开，再倒入肉桂汁。③以小火煮至浓稠状，调入白糖拌匀，再撒上葱花即可。

营养功效

肉桂能够散寒止痛、温经通脉、排毒祛湿；大米可温补驱寒。此粥适宜瘦身减肥女性常食，而且可以温经调养。

银耳枸杞粥

●材料　银耳30克，枸杞10克，稀粥1碗

●调料　白糖3克

●做法

①银耳泡发，洗净，择成小朵备用；枸杞用温水泡发至回软，洗净，捞起。②锅置火上，加入适量开水，倒入稀粥搅匀。③放入银耳、枸杞同煮至各材料均熟，调入白糖搅匀即可。

营养功效

银耳是清心养肺之物；枸杞滋肾、润肺，能够补益精气，具有延缓衰老，抗脂肪肝作用。常食此粥可排毒瘦身、调理气血。

葡萄干果粥

●材料　大米100克，低脂牛奶100克，芝麻少许，葡萄、梅干各25克

●调料　冰糖5克，葱花少许

●做法

①大米洗净，用清水浸泡；葡萄去皮，去核，洗净备用；梅干洗净。②锅置火上，注入清水，放入大米煮至八成熟。③放入葡萄、梅干、芝麻煮至米粒开花，倒入牛奶、冰糖稍煮后调匀，撒上葱花便可。

营养功效

芝麻有补肝益肾、排毒的作用；葡萄富含矿物质元素和维生素，常食可排毒瘦身。此粥有益于养生排毒以及瘦身，尤其适合女性食用。

苦瓜西红柿瘦肉粥

● 材料　猪肉100克，苦瓜、芹菜段各适量，大米80克，西红柿50克

● 调料　盐3克，鸡精1克

● 做法

①苦瓜洗净，去瓤，切片；猪肉洗净，切块；西红柿洗净，切块；大米淘净。②锅中注水，放入大米以旺火煮开，入猪肉、苦瓜，煮至猪肉变熟。③改小火，放入西红柿和芹菜段，待大米熬至浓稠时，调味即可。

营养功效

苦瓜富含维生素C，能促进糖分分解，改善体内的脂肪平衡；西红柿有排毒瘦身之功效。此粥有排毒瘦身的作用。

豆腐木耳粥

● 材料　豆腐、黑木耳、大米各适量

● 调料　盐、姜丝、蒜片、味精、葱花、芝麻油各适量

● 做法

①大米泡发洗净；黑木耳泡发洗净；豆腐洗净，切块。②锅置火上，注入清水，放入大米用大火煮至米粒绽开，放入黑木耳、豆腐。③再放入姜丝、蒜片，改用小火煮至粥成后，放入芝麻油，调入盐、味精入味，撒入葱花即可。

营养功效

豆腐可有效排毒；黑木耳中的胶质可起到清涤肠胃的作用。此粥可以起到一定的解毒、消炎、瘦身的作用。

猪血腐竹粥

●材料　猪血100克，腐竹30克，干贝10克，大米120克

●调料　盐、葱花、胡椒粉各适量

●做法

①腐竹、干贝温水泡发，腐竹切条，干贝撕碎；猪血洗净，切块；大米淘净。②锅中注水，放入大米旺火煮沸，下入干贝，煮至米粒开花。③放入猪血、腐竹，待粥熬至浓稠，加入盐、胡椒粉调味，撒上葱花即可。

营养功效

猪血具有利肠通便作用，可以清除肠腔的沉渣浊垢；腐竹有降压、瘦身的作用。此粥有助于排毒瘦身。

温馨提示Tips

患有肾炎、肾功能不全者最好少食此粥。

淡菜芹菜鸡蛋粥

●材料　大米80克，淡菜50克，芹菜少许，鸡蛋1个，枸杞适量

●调料　盐3克，味精2克，芝麻油、胡椒粉适量

●做法

①大米洗净；淡菜用温水泡发；芹菜洗净切碎；鸡蛋煮熟后切碎。②锅置火上，注入清水，放入大米煮至五成熟。③再放入淡菜、枸杞，煮至米粒开花，放入鸡蛋、芹菜稍煮，加盐、味精、胡椒粉、芝麻油调味便可。

营养功效

芹菜含有大量的粗纤维，可刺激胃肠蠕动，促进排便和排毒；淡菜则有助于促进新陈代谢。此粥有助于排便排毒，瘦身美容。

温馨提示Tips

芹菜有降血压作用，故血压偏低者少食此粥。

胡萝卜蛋黄粥

●材料 大米100克，熟鸡蛋黄1个，胡萝卜10克

●调料 盐3克，芝麻油、葱花适量

●做法

①大米洗净，入清水浸泡；胡萝卜洗净，切小丁。②锅置火上，注入清水，放入大米煮至七成熟。③放入胡萝卜丁煮至米粒开花，放入鸡蛋黄稍煮，加盐、芝麻油调匀，撒上葱花即可。

营养功效

胡萝卜中含较多胡萝卜素和钙等营养成分，能够促进人体消化和排毒；鸡蛋营养丰富，有清热、解毒和排毒作用。此粥能够排毒瘦身，适合减肥女性食用。

丝瓜胡萝卜粥

●材料 鲜丝瓜30克，胡萝卜少许，白米100克

●调料 白糖7克

●做法

①丝瓜去皮洗净，切片；胡萝卜洗净，切丁；白米泡发洗净。②锅置火上，注入清水，放入白米，用大火煮至米粒开花。③放入丝瓜、胡萝卜，用小火煮至粥成，放入白糖调味即可食用。

营养功效

丝瓜性平，味甘，有清暑凉血、解毒通便、润肤美容等功效；胡萝卜能够帮助消化积食，促进肠道蠕动。此粥有利于体内废物及毒素的排出。

红枣苦瓜粥

●材料　红枣、苦瓜、大米各适量

●调料　蜂蜜适量

●做法

①苦瓜洗净，剖开，去瓤，切成薄片；红枣洗净，去核，切成两半；大米洗净，泡发。②锅置火上，注入适量清水、红枣，放入大米，用旺火煮至米粒绽开。③放入苦瓜，用小火煮至粥成，放入蜂蜜调匀即可。

营养功效

苦瓜性寒味苦，含有高能清脂素，被称为“脂肪杀手”；红枣含有优质蛋白以及多种氨基酸，有利于帮助消化。此粥有排毒瘦身作用。

茶叶消食粥

●材料　茶叶适量，大米100克

●调料　盐2克

●做法

①大米泡发洗净；茶叶洗净，加水煮好，取汁待用。②锅置火上，倒入茶叶汁，放入大米，以大火煮开。③再以小火煮至浓稠状，调入盐拌匀即可。

营养功效

一般茶叶都具有排毒降脂的作用；大米有助于胃液分泌和帮助消化。此粥能够通过排出体内毒素来消脂塑身。

镇静安神

现代生活中，烦躁、失眠、抑郁等负面现象屡见不鲜，这都是由于过快的生活节奏和越来越大的压力所引起，如果不及时清除这些不利因素，就会让身心愈发疲惫，更不利于恢复健康。

精神不安的表现： 容易感觉身心疲惫、四肢乏力，很容易显得无精打采和过度敏感，时常觉得烦躁、不安。夜间经常失眠或者难以入眠。

镇静安神的饮食原则： 要多为身体补充营养和能量，食用一些能起到安神定志作用的食物。可以选择能供给能量的食物，以补充碳水化合物和体内微量元素，增强抗疲劳能力。其次，在日常饮食中，可以适当补充一些高蛋白、多维生素的食物，以便及时补充体内损失的热量，降低血液肌肉的酸度，增加耐受力，从而消除疲劳，恢复体力。

重点推荐的食材有： 小麦、黄豆、绿豆、红豆、杏仁、腰果、核桃、莲子、糯米、黑芝麻、花生、白菜、猪肉、羊肉、鱼肉、豆腐、牛奶、蜂蜜、银耳、百合等。

温馨提示Tips

此粥尤其适合神经衰弱、失眠等患者食用。

灵芝糯米粥

● **材料**　糯米100克，灵芝适量

● **调料**　白糖3克

● **做法**

①糯米泡发洗净；灵芝洗净，加水煮好，取汁待用。②锅置火上，倒入煮好的汁，放入糯米，以大火煮开。③待煮至浓稠状，调入白糖拌匀即可。

营养功效

灵芝具有益气血、安心神、健脾胃等功效；糯米可增强免疫力。此粥含有丰富的营养素与膳食纤维，常喝此粥能够镇静安神，还有延年益寿的功效。

龟肉糯米粥

●材料　糯米100克，龟肉150克，枸杞适量

●调料　盐3克，料酒、胡椒粉、葱花、姜丝各适量

●做法

①糯米洗净；龟肉洗净，剁小块，用料酒腌渍。②油锅烧热，放龟肉炒干，加盐炒熟盛出。③锅中注水放入糯米煮五成熟，加龟肉、枸杞、姜丝煮至粥成，加盐、胡椒粉调匀，撒葱花便可。

营养功效

龟肉富含蛋白质和多种维生素，具有补心肾的功效；糯米有滋补、养心的功效。此粥具有养神安心的作用，有助于缓解压力与消除疲劳。

温馨提示Tips

肝炎病患者不宜多食龟肉。

白菜紫菜猪肉粥

●材料　白菜心30克，紫菜20克，猪肉80克，虾米30克，大米150克

●调料　盐3克，味精1克

●做法

①猪肉洗净，切丝；白菜心洗净，切成丝；紫菜泡发，洗净；虾米收拾干净；大米淘净，泡好。②锅中放水，大米入锅，旺火煮开，改中火，下入猪肉、虾米，煮至虾米变红。③改小火，放入白菜心、紫菜，慢熬成粥，下入盐、味精即可。

营养功效

紫菜有利水消肿、保肝、明目、安神的食疗作用；白菜具有通利肠胃、清热解毒、止咳化痰的功效。多喝此粥能缓解神经紧张和压力。

温馨提示Tips

选购紫菜以深紫色、薄而有光泽的为佳。

鹌鹑蛋猪肉白菜粥

●材料 大米80克，鹌鹑蛋2个，猪肉馅20克，白菜20克

●调料 盐3克，味精2克，高汤100克，葱花、姜末、芝麻油各适量

●做法

①大米洗净，用清水浸泡；鹌鹑蛋煮熟后去壳；白菜洗净切丝。②锅置火上，注入清水、高汤，放入大米煮至五成熟。③放入猪肉馅、姜末煮至米粒开花，放白菜、鹌鹑蛋略煮，加盐、味精、芝麻油调匀，撒上葱花即可。

营养功效

鹌鹑蛋有补益气血、丰肌泽肤等功效；猪肉可增强免疫力。常喝此粥可以消除疲劳、镇静安神。

羊肉生姜粥

●材料 羊肉100克，生姜10克，大米80克

●调料 葱花3克，盐2克，鸡精1克，胡椒粉适量

●做法

①生姜洗净，去皮，切丝；羊肉洗净，切片；大米淘净，备用。②大米入锅，加适量清水，旺火煮沸，下入羊肉、姜丝，转中火熬煮至米粒开花。③改小火，待粥熬出香味，调入盐、鸡精、胡椒粉调味，撒入葱花即可。

营养功效

羊肉具有益气补虚、散寒祛湿、养血安神的食疗作用；生姜有解表、散寒、止呕、开痰的功效。此粥滋补，具有镇静安神之效。

银耳桂圆蛋粥

● 材料 银耳、桂圆各20克，鹌鹑蛋2个，大米80克

● 调料 冰糖5克，葱花适量

● 做法

①大米洗净，入清水浸泡；银耳泡发，洗净后撕小朵；桂圆去壳洗净；鹌鹑蛋煮熟去壳。②锅置火上，注入清水，放入大米，煮至七成熟。③放入银耳、桂圆煮至米粒开花，放入鹌鹑蛋稍煮，加冰糖煮融后调匀，撒上葱花即可。

营养功效

银耳具有滋补生津、润肺养胃的功效；桂圆有镇静安神的作用。此粥具有益气镇惊、安神定志的功效，适合神经衰弱患者食用。

温馨提示Tips

加点醪糟，此粥味道会更好。

桂圆玄参粥

● 材料 玄参5克，桂圆肉20克，糯米110克

● 调料 白糖8克，葱花3克

● 做法

①玄参洗净；桂圆肉洗净；糯米洗净，泡发2小时备用。②锅置火上，注水后，放入糯米、玄参用大火煮至米粒开花。③放入桂圆肉，用小火熬至粥成闻见香味，放入白糖调味，撒入葱花即可。

营养功效

桂圆具有养血宁神的功效，适用于神经衰弱、健忘失眠等病症；玄参具有滋阴降火、除烦解毒的功效。此粥具有安神定志、静心镇静的功效。

温馨提示Tips

玄参也可用沙参代替。

抗辐射

辐射指的是能量以电磁波或粒子（如阿尔法粒子、贝塔粒子等）的形式向外扩散。人们在工作、学习还是生活中容易受到电子产品的辐射，从而给我们的日常生活带来了诸多负面的影响。

受辐射影响的表现： 头晕、头疼、视力减退、皮肤粗糙、易衰老、免疫力下降等。

抗辐射的饮食原则： 可以通过摄入一些具有抗辐射作用的食物，来驱散体内以及体外的辐射。番茄红素是抗氧化能力最强的类胡萝卜素，具有极强的清除自由基作用，能够有效对抗辐射。同时，适当补充碘，对人体抗辐射也是非常有益的。另外，多吃一些含维生素C、维生素A、维生素E、蛋白质、β-胡萝卜和硒元素的食物，也能起到很好的抗辐射作用。

推荐的其他食材有： 小麦、毛豆、豌豆、红豆、绿豆、黄豆、芸豆、黑芝麻、花生、葵花子、板栗、核桃、胡萝卜、油菜、圆白菜、菠菜、西红柿、玉米、鸡肉、蛋黄、海带、紫菜、鱼肝螃蟹、墨鱼等。

核桃首乌枣粥

● **材料**　大米、薏米、红枣、何首乌、熟地、核桃仁各适量

● **调料**　盐3克

● **做法**

①大米、薏米均泡发洗净；红枣洗净，去核，切片；核桃仁洗净；何首乌、熟地均洗净，加水煮好，取汁待用。②锅置火上，加入适量清水，倒入煮好的汁，放入大米、薏米，以大火煮至开花。③加入红枣、核桃仁煮至浓稠状，调入盐拌匀即可。

营养功效

核桃里含有的维生素E具有对抗自由基过氧化的作用，对抗辐射有一定功效；红枣中含有多糖复合物，有抗辐射作用。此粥能够有效抗辐射。

玉米党参粥

●材料 玉米糁120克，党参15克，红枣20克

●调料 冰糖8克

●做法

①红枣去核洗净；党参洗净，润透，切成小段。②锅置火上，注入清水后，放入玉米糁煮沸后，下入红枣和党参。③煮至粥浓稠闻见香味时，放入冰糖调味，即可食用。

营养功效

党参能够有效增强机体的免疫功能，对抗辐射伤害；玉米富含维生素，常食可加速由辐射带来的有毒物质的排泄。此粥能够帮助人们降低辐射的伤害。

温馨提示Tips

党参可在早上或晚上临睡前一小时服用。

豌豆高粱粥

●材料 红豆、豌豆各30克，高粱米70克

●调料 白糖4克

●做法

①高粱米、红豆均泡发洗净；豌豆洗净。②锅置火上，倒入清水，放入高粱米、红豆、豌豆一同煮开。③待煮至浓稠状时，调入白糖拌匀即可。

营养功效

红豆中维生素C的含量很高，有“维生素王”的美称，能够减轻辐射对皮肤的损害；豌豆同样富含维生素。此粥可提高免疫功能和抗辐射。

温馨提示Tips

高粱宜选粒大饱满、色泽红润者。

三宝蛋黄糯米粥

●材料 糯米50克，薏米、芡实各25克，山药20克，熟鸡蛋黄1个

●调料 盐3克，芝麻油、葱花各适量

●做法

①糯米、薏米、芡实洗净，用清水浸泡；山药去皮洗净，切小片后焯水捞出。②锅置火上，注入清水，放入糯米、薏米、芡实煮至八成熟。③放入山药煮至米粒开花，倒入切碎的鸡蛋黄，加盐、芝麻油调匀，撒上葱花即可。

营养功效

芡实可以防止衰老，还具有抗辐射功用；山药中富含维生素，有抗氧化和抗辐射功能。此粥有利于减少辐射所带来的伤害。

白梨鸡蛋糯米粥

●材料 白梨50克，鸡蛋1个，糯米80克

●调料 蜂蜜、白糖、葱花各少许

●做法

①糯米洗净，用清水浸泡；白梨洗净切小块；鸡蛋煮熟切碎。②锅置火上，注入清水，放入糯米煮至七成熟。③放入白梨煮至米粒开花，放入鸡蛋，加蜂蜜、白糖调匀，撒上葱花即可。

营养功效

梨能帮助人体排毒，还能有效地抵御和消除长时间面对电脑时的辐射伤害；鸡蛋中含有的微量元素硒可以抗辐射。此粥能减少辐射伤害。

皮蛋排骨花生粥

●材料 大米100克，皮蛋1个，猪排骨30克，花生仁少许

●调料 盐3克，料酒、香菜末、葱花、芝麻油适量

●做法

①大米淘洗干净；皮蛋去壳，切丁；猪排骨洗净，剁小块后用料酒腌渍；花生仁洗净。②排骨下入沸水中汆去血水后捞出。③锅置火上，注入清水，放入大米、排骨煮至五成熟；放入皮蛋、花生仁煮至米开花，加盐、芝麻油调匀，撒上葱花、香菜末即可。

营养功效

花生含有硒（抗辐射）等20多种微量元素，有滋养保健的功效；排骨含有磷酸钙、骨胶原、骨黏蛋白等。此粥能增强体质、对抗辐射。

红枣桂圆鸡肉粥

●材料 红枣10克，荔枝、桂圆各5颗，鸡脯肉50克，大米120克

●调料 葱花5克，盐3克，芝麻油5克

●做法

①荔枝、桂圆去壳，取肉；红枣洗净，去核，切开；大米淘净，浸泡半小时；鸡脯肉洗净，切丁。②大米放入锅中，加适量清水，大火烧沸，下入处理好的各种原材料，转中火熬煮至米粒软散。③改小火，熬煮成粥，调入盐调味，淋芝麻油，撒上葱花即可。

营养功效

鸡肉中含有微量元素硒，具有抗氧化作用，能通过阻断身体过氧化反应而起到抗辐射作用；桂圆有抗辐射功效。此粥能够帮助抵御辐射伤害。

健脾胃

脾胃不好一般是指脾胃系统异常所出现的消化不良、食欲不振、胃肠溃疡等症。现代社会的人们，平日里由于工作的繁忙，应酬的增多，饮食的不规律，容易导致脾胃系统的异常。

脾胃不好的表现： 消化不良、食欲不振、食后腹胀、恶心、呕吐、打嗝、烧心、腹泻、便秘等，严重者甚至出现胃炎、胃肠溃疡、胃癌等症。

健脾胃的饮食原则： 平时多吃些含有果胶、蛋白质和维生素的食物，可以起到保护肠壁、活化肠内细菌，帮助调整肠胃功能，促进其尽快恢复健康的作用。

重点推荐的食材有： 小米、小麦、荞麦、薏米、高粱、黄豆、蚕豆、红薯、莲子、黑芝麻、圆白菜、菠菜、南瓜、蘑菇、莲藕、胡萝卜、猪肉、猪肚、牛肉、鸡肉、鸭肉、鹌鹑蛋、草鱼、鳝鱼、鲫鱼、牛奶、苹果等。

温馨提示Tips

孕产妇不宜多食此粥。

虾米小米粥

材料 小米100克，大虾米50克

调料 盐3克，味精2克，料酒、芝麻油、葱花、姜丝适量

做法

①小米洗净，用清水浸泡；大虾米洗净，用料酒腌渍去腥。②锅置火上，注入清水，放入小米煮至五成熟。③放入虾米、姜丝煮至米粒开花，加盐、味精、芝麻油调匀，撒上葱花即可。

营养功效

虾米有开胃健脾、补肾壮阳之功效，适合食欲不振、消化不良者食用；小米具有益肾和胃的作用。此粥对脾胃虚寒、腹泻及体虚者有益。

薏米杏仁粥

●材料　薏米、南杏仁各50克，大米120克

●调料　白糖3克，葱8克

●做法

①大米、薏米均泡发洗净；南杏仁洗净；葱洗净，切花。②锅置火上，倒入清水，放入大米、薏米，以大火煮至米粒开花。③加入南杏仁煮至浓稠状，调入白糖拌匀，撒上葱花即可。

营养功效

薏米具有健脾、补肺、清热、利湿的功效；杏仁具备滋补、和中、缓急的功效。此粥具有健脾养胃的作用，常食有益。

百合板栗糯米粥

●材料　百合花、板栗各20克，糯米90克，枸杞适量

●调料　白糖5克，葱少许

●做法

①百合花洗净；板栗去壳洗净；糯米泡发洗净；葱洗净，切花。②锅置火上，注入清水，放入糯米，用大火煮至米粒绽开。③放入枸杞、百合花、板栗，改用中火煮至粥成，调入白糖入味，撒上葱花即可。

营养功效

百合具有润肺止咳、清心安神的功效；板栗具有养胃健脾的功效；糯米具有健脾养胃的功效。此粥具有健脾养胃的作用。

桂圆莲子糯米粥

●材料 桂圆肉、莲子、红枣各10克，糯米100克

●调料 白糖5克

●做法

①糯米、莲子洗净，放入清水中浸泡；桂圆肉、红枣洗净，再将红枣去核备用。②锅置火上，放入糯米、莲子煮至将熟。③放入桂圆肉、红枣煮至酥烂，加白糖调匀即可。

营养功效

莲子可以健脾止泻，对食疗胃虚和脾虚颇有成效；桂圆有滋补作用；糯米能健脾养胃，温补。此粥既能够调理肠胃，又能够增强体质。

山药藕片南瓜粥

●材料 大米90克，山药30克，藕片25克，南瓜25克，玉米粒适量

●调料 盐3克

●做法

①山药去皮洗净，切块；藕片、玉米洗净；南瓜去皮洗净，切丁。②锅内注水，放入大米，用大火煮至米粒开花，放入山药、藕片、南瓜、玉米。③改用小火煮至粥成、闻见香味时，放入盐调味，即可食用。

营养功效

山药有健脾除湿、固肾益精的功效；莲藕具有滋阴养血、健脾开胃的作用。此粥清淡可口，能促消化，适合体弱多病以及脾胃虚弱者食用。

莲藕糯米粥

●材料　莲藕30克，糯米100克

●调料　白糖5克，葱少许

●做法

①莲藕洗净，切片；糯米泡发洗净；葱洗净，切花。②锅置火上，注入清水，放入糯米用大火煮至米粒绽开。③放入莲藕，用小火煮至粥浓稠时，加入白糖调味，再撒上葱花即可。

营养功效

莲藕中含有大量的维生素C和食物纤维，对于肝病、便秘、糖尿病等有虚弱之症的人都十分有益；糯米可益气补脾肺，且利小便，滋肺。此粥可健脾益胃。

红枣鸭肉粥

●材料　红枣50克，鸭肉150克，大米80克

●调料　盐、姜丝、味精、葱花各适量

●做法

①红枣洗净，去核，切成小块；大米淘净，泡好；鸭肉洗净，切块，入锅加盐、姜丝煲好。②大米入锅，加入适量清水以大火煮沸，下入红枣转中火熬煮至米粒开花。③鸭肉连汁倒入锅中，小火熬煮成粥，加盐、味精调味，撒入葱花即可。

营养功效

鸭肉具有养胃生津的功效，经常食用可增强免疫力、开胃消食；红枣具有健脾、益气、和中的功效。此粥适合脾虚、久泻、体弱的人食用。

鳝鱼药汁粥

●材料 鳝鱼50克，党参、当归各20克，大米80克

●调料 盐、姜末、葱花、酱油、料酒各少许

●做法

①大米洗净，入清水浸泡；党参、当归洗净；鳝鱼洗净后切小段。②油锅烧热，烹入料酒，下鳝鱼段翻炒，加盐炒熟后盛出。③锅置火上，注入清水，放入大米、党参、当归煮至五成熟；放入鳝鱼段、姜末煮至米粒开花，加盐、酱油调匀，撒葱花即成。

营养功效

鳝鱼有温阳益脾的作用；党参可健脾益肺；当归具有补血活血、润燥滑肠的功效。此粥能够很好地调理脾胃，保护肠胃。

灵芝红枣鹌蛋粥

●材料 灵芝、红枣各20克，鹌鹑蛋2个，大米80克

●调料 白糖5克，葱花、芝麻油少许

●做法

①大米洗净，用清水浸泡；红枣洗净；鹌鹑蛋煮熟后去壳；灵芝洗净，切成片。②砂锅置火上，放入清水，下入灵芝熬成汤汁。③锅置火上，注入清水，放入大米煮至五成熟；放入红枣，倒入灵芝汤汁煮至粥将成，放入鹌鹑蛋略煮，加白糖、芝麻油调匀，撒上葱花即可。

营养功效

灵芝具有健脾胃、安心神、益气血的功效；鹌鹑蛋富含维生素、蛋白质和铁，对营养不良等有调补的作用。常食此粥能够健脾胃，补充体力。

红枣鹑蛋糯米粥

●**材料** 桂圆、红枣各20克，鹌鹑蛋2个，糯米80克

●**调料** 冰糖5克，葱花少许

●**做法**

①糯米洗净，用清水浸泡；桂圆去壳洗净；红枣洗净；鹌鹑蛋煮熟后去壳。②锅置火上，注入清水，放入糯米，煮至八成熟。③放入桂圆、红枣煮至米粒开花，放入鹌鹑蛋、冰糖，待冰糖煮化后调匀，撒上葱花即可。

营养功效

红枣是一种良好的滋补食物，特别适合脾胃虚弱的人食用；加入鹌鹑蛋和糯米同煮成粥，可以达到健脾和胃和养生保健的功效。

红薯蛋奶粥

●**材料** 大米、红薯各50克，鸡蛋1个，牛奶100克

●**调料** 白糖3克，葱花少许

●**做法**

①大米洗净，用清水浸泡；红薯洗净切小丁；鸡蛋煮熟后切碎。②锅置火上，注入清水，放入大米、红薯煮至粥将成。③放入鸡蛋、牛奶煮至粥稠，加白糖调匀，撒上葱花即可。

营养功效

红薯具有补虚乏、益气力、健脾胃的功效；鸡蛋具有益精补气、清热解毒的功效。此粥清淡可口，能开胃消食，常食有益。

养心

心，通称心脏，起着主宰人体生命活动的作用，其主要生理功能是主血脉，主藏神。饮食无节制、酗酒、心肌病、高血压、糖尿病、心脏肿瘤等通常是导致心脏疾病的原因。

心脏病的表现：轻微活动也会出现呼吸短促，呼吸困难，脸色灰白发紫，耳鸣，肩膀酸痛等。

养心的饮食原则：在日常生活中，可多吃一些具有养心功效的食物，多补充一些含有蛋白质、纤维素、不饱和脂肪酸等营养成分的食物，少接触肥腻、富含饱和脂肪酸的食物，这样才能够降低心脏的患病概率，对保护心脏起到很好的调节作用。

重点推荐的食材有：燕麦、糙米、扁豆、黄豆、杏仁、莲子、松子、胡萝卜、菠菜、蘑菇、茄子、鸡肉、鸭肉、海鱼、豆腐、洋葱、酸奶等。

温馨提示Tips

宜选用鲜嫩甜玉米的玉米须。

玉米须荷叶粥

●**材料** 玉米须、鲜荷叶各适量，大米80克

●**调料** 盐2克，葱花5克

●**做法**

①大米置清水中浸泡半小时后捞出沥干水分备用；荷叶洗净，加水熬汁，再拣出荷叶待用；玉米须洗净，捞出沥干水分。②锅置火上，加入适量清水，放入大米煮至浓稠。③加入玉米须、荷叶汁同煮片刻，调入盐拌匀，撒上葱花即可。

营养功效

荷叶中的荷叶碱具有清心、平肝功效；大米具有养心除烦的功效。此粥是养心佳品，有助于清心以及调理心气。

猪肝菠菜粥

●材料　猪肝100克，菠菜50克，大米80克

●调料　盐3克，鸡精1克，葱花少许

●做法

①菠菜洗净，切碎；猪肝洗净，切片；大米淘净，浸泡半小时后，捞出沥干水分。②大米下入锅中，加适量清水，旺火烧沸，转中火熬至米粒散开。③下入猪肝，慢熬成粥，最后下入菠菜拌匀，调入盐、鸡精调味，撒上葱花即可。

营养功效

猪肝具有补气养血、增强免疫力的作用；菠菜具有促进消化、调理肠胃的作用。此粥能保护心血管、调理身心，常食有益。

香菇鸡肉圆白菜粥

●材料　大米80克，鸡脯肉150克，圆白菜50克，香菇70克

●调料　料酒、盐、葱花各适量

●做法

①鸡脯肉洗净，切丝，用料酒腌渍；圆白菜洗净，切丝；香菇泡发，切成小片；大米淘净，浸泡半小时后，捞出沥干水分。②锅中加适量清水，放入大米，大火烧沸，下入香菇、鸡肉、圆白菜，转中火熬煮。③小火将粥熬好，加盐调味，撒上少许葱花即可。

营养功效

圆白菜可润脏腑、益心力、祛结气，是适宜养心的蔬菜；鸡脯肉能够平衡膳食，减少患心脏病的概率。此粥能够调理心气，平衡体内血液。

鸡肉鲍鱼粥

●**材料** 鸡肉、鲍鱼各30克，大米80克

●**调料** 盐、味精、料酒、香菜末、胡椒粉、芝麻油各适量

●**做法**

①大米淘洗干净；鲍鱼、鸡肉洗净后均切小块，用料酒腌渍去腥。②锅置火上，放入大米，加适量清水煮至五成熟。③放入鲍鱼、鸡肉煮至粥将成，加盐、味精、胡椒粉、芝麻油调匀，撒上香菜末即成。

营养功效

鲍鱼肉性温，味咸，有补虚、养心肺、滋阴、清热之效；鸡肉含有丰富的营养，起补充膳食纤维和平衡心脏功能作用。此粥可以养心护胃。

猪血黄鱼粥

●**材料** 大米80克，黄鱼50克，猪血20克

●**调料** 盐3克，味精2克，料酒、姜丝、香菜末、芝麻油各适量

●**做法**

①大米淘洗干净，用清水浸泡；黄鱼洗净切小块，用料酒腌渍；猪血洗净切块，放入沸水中稍烫后捞出。②锅置火上，放入大米，加适量清水煮至五成熟。放入鱼肉、猪血、姜丝煮至粥将成，加盐、味精、芝麻油调匀，撒上香菜末即成。

营养功效

猪血具有排毒净化、减轻心脏负担的作用；黄鱼可调中养心，对久病体虚有食疗作用。此粥可以起到大补元气、调理心气的功效。

桃仁枸杞甜粥

●材料　大米80克，核桃仁、枸杞各20克

●调料　白糖3克，葱8克

●做法

①大米洗净，泡发半小时后捞出沥干水分；核桃仁、枸杞均洗净；葱洗净，切花。②锅置火上，倒入清水，放入大米煮至米粒开花。③加核桃仁、枸杞同煮至浓稠状，调入白糖，撒葱花即可。

营养功效

桃仁具有提神健脑、增强人体免疫力的功效；枸杞具有养心润肺、补血养颜、保护肝脏的功效。此粥具有养心润肺、安神健脑作用。

温馨提示 Tips

痰热咳嗽、便溏腹泻者最好不要食用此粥。

燕窝灵芝粥

●材料　猪肉100克，燕窝30克，灵芝10克，大米120克，油菜适量

●调料　盐3克，鸡精1克，葱花2克

●做法

①燕窝用温水泡发洗净，撕片；猪肉洗净，切条；灵芝洗净，掰小块；油菜洗净，切碎；大米淘净，泡好。②锅中注水，下入燕窝、大米煮开，改中火，下入猪肉、灵芝，煮至猪肉变熟。③改小火，放入油菜，待粥熬好，下入盐、鸡精调味，撒入葱花即可。

营养功效

燕窝有健脾养胃的作用；灵芝被誉为“仙草”、“瑞草”，具有益气血、安心神、健脾胃等功效。此粥具有养心、健脾补血的作用。

温馨提示 Tips

燕窝泡发后要洗净，去掉杂质。

润肺

肺是呼吸系统的主要器官，在五脏六腑中位置最高，覆盖诸脏，故有“华盖”之称。肺病一般指在外感或内伤等因素影响下，造成肺脏功能失调和变化的一类病症。主要是由于感染、吸烟或空气污染等所致。

肺部不适的表现：面色灰白、咳嗽、咳痰、极易感冒、盗汗、呼吸不畅、积痰、胸痛等。

润肺的饮食原则：要保护好肺脏，可以在日常饮食中多食用一些具有排毒润肺效果的食物，能有效预防因季节变化或其他疾病感染而致的咳嗽、呼吸不畅、积痰等症状。此外，少吃补品等，这些都对保护肺部能起到极大的帮助作用。

重点推荐的食材有：薏米、绿豆、山药、花生、核桃、黑芝麻、西红柿、胡萝卜、马蹄、莲藕、猪血、海带、豆浆、银耳、百合、红枣等。

山药菇枣粥

●材料 山药、蘑菇、红枣各适量，大米90克

●调料 白糖10克

●做法

①山药去皮洗净，切块；蘑菇洗净；红枣去核洗净，切成小块；大米洗净，浸泡半小时后捞出沥干水分。②锅内注水，放入大米，用大火煮至米粒绽开，放入山药、蘑菇、红枣同煮。③改用小火煮至粥成，放入白糖调味，即可食用。

营养功效

山药具有补脾养胃、生津益肺、补肾涩精等功效；红枣具有补血养颜、养心润肺的作用。常食用此粥可生津益肺、宁心安神。

山药枸杞甜粥

●材料　山药30克，枸杞15克，大米100克

●调料　白糖10克

●做法

①大米泡发洗净；山药去皮洗净，切块；枸杞泡发洗净。②锅内注水，放入大米，用大火煮至米粒绽开，放入山药、枸杞。③改用小火煮至粥成闻见香味时，放入白糖调味，即可食用。

营养功效

枸杞是滋肾、润肺的高级补品，还有补肝、明目的功效，枸杞煮粥既适口，又易消化，加入山药、白糖，此粥养心润肺、平肝明目。

桂圆莲藕糯米粥

●材料　糯米100克，桂圆肉20克，莲藕30克

●调料　白糖5克

●做法

①糯米淘洗干净，放入清水中浸泡2小时，备用；莲藕洗净后，去皮，切片；桂圆肉洗净。②锅置火上，注入清水，放入糯米煮至八成熟。③再放入藕片、桂圆肉煮至米粒开花，加白糖稍煮便可。

营养功效

莲藕清热、润肺、消暑，是夏季良好的祛暑食物。同桂圆一起煮粥，能够益气养神、润肺止咳。

银耳山楂粥

●材料 银耳、山楂各25克，大米80克

●调料 白糖3克，葱花适量

●做法

①大米用冷水浸泡半小时后，洗净，捞出沥干水分备用；银耳泡发洗净，切碎；山楂洗净，切片。②锅置火上，放入大米，倒入适量清水煮至米粒开。③放入银耳、山楂同煮片刻，待粥至浓稠状时，调入白糖拌匀，撒入葱花即可。

营养功效

山楂是消食健胃的好帮手，具有消食化积、行气散瘀的功效，也适用于食疗心腹刺痛、火虚气旺、高脂血症等病症，加入银耳煮粥，食用时让人觉得清凉润肺。

银耳玉米沙参粥

●材料 银耳、玉米粒、沙参各适量，大米100克

●调料 盐3克，葱少许

●做法

①玉米粒洗净；沙参洗净；银耳泡发洗净，择成小朵；大米洗净；葱洗净，切花。②锅置火上，注水后，放入大米、玉米粒，用旺火煮至米粒完全绽开。③放入沙参、银耳，用小火煮至粥成闻见香味时，放入盐调味，撒上葱花即可。

营养功效

玉米有宁心活血、调理中气功效，对于高血脂、动脉硬化、心脏病的患者有助益。玉米加入沙参煲粥补肺益气，能够达到养阴润肺的功效。

党参百合冰糖粥

●材料　党参、百合各20克，大米100克

●调料　冰糖8克，葱花10克

●做法

①党参洗净，切成小段；百合洗净；大米洗净，泡发。②锅置火上，注水后，放入大米，用大火煮至米粒开花。③放入党参、百合，用小火煮至粥可闻见香味时，放入冰糖和葱花调味即可。

营养功效

百合药食两用，具有润肺止咳、清心安神的功效，治肺热久咳颇有成效；冰糖清肺，故此粥适合阴虚咳嗽者食用。

温馨提示Tips

凡风寒咳嗽、脾虚便溏者，均不宜食用百合。

桂圆枸杞红枣粥

●材料　桂圆肉、枸杞、红枣各适量，大米80克

●调料　白糖5克

●做法

①大米泡发洗净；桂圆肉、枸杞、红枣均洗净，红枣去核，切成小块备用。②锅置火上，倒入清水，放入大米，以大火煮开。③加入桂圆肉、枸杞、红枣同煮片刻，再以小火煮至浓稠状，调入白糖搅匀入味即可。

营养功效

桂圆有补益心脾、养血宁神的功效；红枣益气生津，具备调营卫、解药毒功效，加入枸杞润肺，此粥适合敛肺止咳、益气排毒。

温馨提示Tips

高血糖患者最好不要食用此粥。

养肝

肝脏是人体的物质代谢中心，对糖、脂类、蛋白质、维生素、激素等物质的代谢，都起着非常重要的作用。肝病一般包括感染、肝硬变和肿瘤等常见或重要的疾病，是由于食用一些损害肝脏的药物和长期熬夜、不良的饮食习惯等所致。

肝病的表现：一般表现为恶心、呕吐、食欲差、全身乏力、腹泻、脾肿大、肝区不适等症状。

养肝的饮食原则：日常饮食中，要以性温味甘的食物为主，常食谷类以及一些白色、绿色食物，可以将食材做成汤、粥、茶等美食享用。其次，多补充硒元素和蛋白质，对肝脏的保护和修复也能起到较大作用。

重点推荐的食材有：糯米、黑米、高粱、薏米、玉米、红豆、绿豆、芸豆、黄豆、松子、杏仁、西蓝花、菠菜、胡萝卜、油菜、白菜、猪肉、猪肝、牛肉、鸡肉、鸡蛋、鹌鹑蛋、鲈鱼、鲫鱼、海参、牡蛎、豆腐、牛奶等。

温馨提示Tips

党参具有益智的作用。

黑米党参稠粥

●**材料**　黑米70克，党参5克

●**调料**　白糖3克

●**做法**

①黑米泡发洗净；党参洗净，切段。②锅置火上，倒入清水，放入黑米煮至米粒开花。③加入党参同煮至浓稠状，调入白糖拌匀即可。

营养功效

党参为植物党参和中药材的统称，具有补中益气、健脾益肺、养肝的功效，用于脾肺虚弱、气短心悸、虚喘咳嗽、内热消渴等。与黑米熬煮成粥，可以养肝护肝。

银耳双豆玉米粥

●材料　银耳30克，绿豆片、红豆片、玉米片各20克，大米80克

●调料　白糖3克

●做法

①大米浸泡半小时后，捞出备用；银耳泡发洗净，切碎；绿豆片、红豆片、玉米片均洗净，备用。②锅置火上，放入大米、绿豆片、红豆片、玉米片，倒入清水煮至米粒开花。③放入银耳同煮片刻，待粥至浓稠状时，调入白糖拌匀即可。

营养功效

绿豆、红豆为谷类，属绿色食物；银耳滋润而不腻滞。此粥能够补充蛋白质和膳食纤维，对肝脏的保护和修复也能起到较大作用。

温馨提示Tips

银耳性润而腻，能清肺热，故外感风寒者忌用。

洋参红枣玉米粥

●材料　大米100克，西洋参、红枣、玉米各20克

●调料　盐3克，葱少许

●做法

①西洋参洗净，切段；红枣去核洗净，切开；玉米洗净；葱洗净，切花。②锅注水烧沸，放大米、玉米、红枣、西洋参，用大火煮至米粒绽开。③用小火煮至粥浓稠闻见香味时，放入盐调味，撒上少许葱花即成。

营养功效

洋参能够润肺、养肝，治疗气虚气短、疲劳，还可以治疗肺结核、伤寒、慢性肝炎等；玉米调理中气。此粥可以护理肝病，具有保护肝脏功能。

温馨提示Tips

体质虚寒、胃有寒湿的人不宜食用西洋参。

桂圆糯米粥

●材料 桂圆肉50克，糯米100克

●调料 白糖、姜丝各5克

●做法

①糯米淘洗干净，放入清水中浸泡；桂圆肉洗净。②锅置火上，放入糯米，加适量清水煮至粥将成。③放入桂圆肉、姜丝，煮至米烂后放入白糖调匀即可。

营养功效

糯米具有温补脾胃、益气养阴、固表敛汗等食疗作用，能够缓解气虚所导致的盗汗，劳动损伤后气短乏力等症状。加入滋补的桂圆，此粥可以养肝，促进身体的消化和新陈代谢。

鸡蛋枸杞猪肝粥

●材料 猪肝100克，大米80克，鸡蛋2个，枸杞30克

●调料 盐4克，葱花、芝麻油少许

●做法

①猪肝洗净，切片；大米淘净，泡好；鸡蛋打入碗中，加盐搅匀；枸杞洗净。②锅中注水，放入大米，旺火烧沸，下入枸杞，转中火熬至米粒开花。③放入猪肝，待粥熬成时放入鸡蛋液拌匀，加入盐调味，淋芝麻油，撒上葱花即可。

营养功效

鸡蛋有清热、解毒、保护黏膜的作用，可用于治疗咽喉肿痛、失音、慢性中耳炎等疾病，加入平肝养肝的枸杞、猪肝，此粥可以滋阴养肝。

荔枝红枣糯米粥

●**材料** 桂圆、荔枝各20克，红枣10克，糯米100克

●**调料** 冰糖5克

●**做法**

①糯米淘洗净，再用清水浸泡；桂圆、荔枝去壳，取肉，再去核，洗净；红枣洗净，去核备用。②锅置火上，放入糯米，加适量清水煮至八成熟。③再放入桂圆肉、荔枝肉、红枣煮至米粒开花，放入冰糖熬化后调匀便可。

营养功效

荔枝有补血健肺之功效，对心肺功能、肝功能等不佳的人群有很好的补益作用。此粥既能够满足人们的口感，又有保健养肝之效。

生滚牛肉粥

●**材料** 大米80克，牛肉100克，生菜50克

●**调料** 盐3克，鸡精2克，香菜末适量

●**做法**

①大米淘净，浸泡半小时后捞出沥干水分备用；生菜洗净，切丝；牛肉洗净，切片，备用。②锅中注水，放入大米，旺火烧沸，下入切好的牛肉，转中火熬至米粒开花。③待粥熬出香味时，放入生菜拌匀，加盐、鸡精调味，撒上香菜末即可。

营养功效

牛肉性平，味甘，能养肝补脾、益气血、强筋骨；生菜益五脏。经常食用此粥对于养肝养肺、增强血液循环有很好的效果。

双菇鸡肉粥

● **材料** 金针菇60克，香菇50克，鸡肉250克，大米80克，高汤适量

● **调料** 盐2克，胡椒粉、葱花各5克

● **做法**

①金针菇洗净；香菇洗净，切片；大米淘净；鸡肉洗净，切块。②油锅烧热，下入鸡肉翻炒，加高汤，下入大米，旺火烧沸，下入金针菇、香菇，转中火熬煮至米粒开花。③慢火将粥熬出香味，加盐、胡椒粉调味，撒入葱花即可。

营养功效

鸡肉入肝经，因此具有补肝血的作用；金针菇能益肠胃，补肝抗癌，经常食用有养肝护肝作用。此粥对肝病有预防和辅助治疗作用。

枸杞煲鸡粥

● **材料** 枸杞30克，鸡肉150克，猪肉70克，大米80克

● **调料** 鸡高汤50克，盐、葱花各适量

● **做法**

①鸡肉洗净，切块；猪肉洗净，切片；枸杞洗净；大米淘净，泡半小时。②大米放入锅中，倒入适量冷开水，大火烧沸，下入鸡肉、枸杞、猪肉，倒入鸡高汤，转中火熬煮至沸。③转小火，将粥熬出香味，加盐调味，撒上葱花即可。

营养功效

枸杞性平，味甘，有补肾、滋阴、养肝功效，主治肝肾阴亏以及肝肾阴虚；鸡肉含有多种营养物质，并且能够养肝。故此粥适合肝病患者食用。

蛋黄鸡肝粥

● 材料　大米150克，熟鸡蛋黄2个，鸡肝60克，枸杞10克

● 调料　盐3克，鸡精1克，香菜末少许

● 做法

①大米淘净，泡半小时；鸡肝用水泡洗干净，切片；枸杞洗净；熟鸡蛋黄捣碎。②大米放入锅中，放适量清水煮沸，放入枸杞，转中火熬煮至米粒开花。下入鸡肝、熟鸡蛋黄，小火熬煮成粥，加盐、鸡精调味，撒入香菜末即可。

营养功效

鸡肝属于甘温食品，可补血、养肝、温胃，是食补养肝的上佳选择。此粥具有补血养肝、开胃消食的功效。

温馨提示 Tips

蛋黄不要搅得太碎。

猪腰枸杞羊肉粥

● 材料　猪腰80克，枸杞叶50克，枸杞10克，羊肉55克，大米120克

● 调料　姜末3克，盐2克，葱花适量

● 做法

①猪腰洗净，剖开，去除腰臊，切花刀；羊肉洗净，切片；大米、枸杞淘净；枸杞叶洗净，切碎。②大米、枸杞入锅，放入清水，煮开，下入羊肉、猪腰、姜末，转中火熬煮至熟。③放枸杞叶拌匀，加盐调味，放葱花即可。

营养功效

猪腰有健肾补腰、和肾理气、利水之功效；羊肉温补；枸杞养肝护眼。此粥对肝脏能起一定的保护作用。

温馨提示 Tips

适宜肾虚之人及腰酸腰痛、遗精、盗汗者食用。

补肾

人体肾脏对身体健康有着十分重要的作用。肾病常见的有糖尿病肾病、系统性红斑狼疮性肾炎、感染及药物引起的肾病综合征。肾病是由人的烦劳过度、久病失治误治、体虚感邪、饮食不节、情志失调等所致。

肾病的表现：尿少或血尿、全身浮肿、血压升高。

补肾的饮食原则：多吃些补肾的食品，选取那些具有补肾益精功效的食物进行食补效果较好。这些食物包括一些壮阳食物以及富含锌、碘的食品。中医认为黑色是肾的颜色，所以食用一些性温性平的黑色食物，也能够起到补肾的作用。同时，在日常生活中，要注意调节食物的酸碱性，可有意识地多食用一些偏碱性的食品，这样对肾脏的调节也有较大的帮助。

重点推荐的食材有：黑米、黑芝麻、松子、莲子、花生、杏仁、核桃、胡萝卜、冬瓜、韭菜、猪肉、猪肾、羊肉、狗肉、鸽肉、鲈鱼、甲鱼、墨鱼、虾、海参、淡菜、干贝等。

温馨提示Tips

核桃仁油腻滑肠，泄泻者慎食此粥。

桃仁红米粥

●**材料** 核桃仁30克，红米80克，枸杞少许

●**调料** 白糖3克

●**做法**

①红米淘洗干净，置于冷水中泡发半小时后捞出沥干水分；核桃仁洗净；枸杞洗净，备用。②锅置火上，倒入清水，放入红米煮至米粒开花。③加入核桃仁、枸杞同煮至浓稠状，调入白糖拌匀即可。

营养功效

核桃有润肺、补肾、壮阳等功能，是温补肺肾的理想滋补食品和良药。红米可补充消耗的体力及维持身体正常体温。此粥有益于调节肾脏功能。

人参枸杞粥

●材料　人参5克，枸杞15克，大米100克

●调料　冰糖10克

●做法

①人参洗净，切小块；枸杞泡发洗净；大米泡发洗净。②锅置火上，注水后，放入大米，用大火煮至米粒开花。③再放入人参、枸杞熬至粥成，放入冰糖入味即可。

营养功效

人参有大补元气、生津安神等功效，用于阳痿宫冷、心力衰竭等症；枸杞有滋肾、润肺、平肝的作用。此粥多用于食疗肝肾阴亏。

燕窝冰糖粥

●材料　燕窝、枸杞各适量，大米80克

●调料　冰糖3克，葱8克

●做法

①大米泡发洗净；燕窝用温水浸涨后，拣去燕毛杂质，用温水漂洗干净；枸杞洗净；葱洗净，切花。②锅置火上，放入大米，倒入清水煮熟。③待粥至浓稠状时，放入燕窝、枸杞同煮片刻，调入冰糖拌匀，撒上葱花即可。

营养功效

燕窝有滋养肺肾、养阴润燥的功效，加入冰糖搭配，能起到补肾益气效果。此粥对于肾虚及其他肾病患者有很好的食疗功效。

莲芪猪心红枣粥

●**材料** 黄芪10克，莲子20克，红枣20克，猪心80克，大米150克

●**调料** 姜末4克，盐3克，鸡精2克，葱花适量

●**做法**

①红枣、黄芪洗净；大米洗净；莲子泡半小时；猪心洗净，切小片。②大米放入锅中，加水煮沸，放入猪心、红枣、莲子、黄芪、姜末，转中火熬煮至米粒开花。③改小火慢熬成粥，调入盐、鸡精调味，撒上葱花即可。

营养功效

黄芪有补气固表、生肌、补肾等功效；猪心有补虚、养心补血的功效。此粥有助于加强心肌营养，还有补肾壮阳的功效。

猪骨稠粥

●**材料** 猪骨500克，大米80克

●**调料** 盐3克，味精2克，葱花5克，姜末适量

●**做法**

①大米淘净，泡半小时；猪骨洗净，斩件，入沸水中汆烫，捞出。②猪骨入高压锅，加清水、盐、姜末压煮成高汤，倒入锅中烧开，下入大米，改中火熬煮。③转小火熬化成粥，调入盐、味精调味，撒上葱花即可。

营养功效

猪骨有壮腰膝、补虚弱、养血健骨、补中益气功效。猪骨熬粥，能够及时地补充人体所需的骨质胶原等物质，属于偏碱性食物，有助于补肾。

羊肉双色萝卜粥

● 材料　胡萝卜30克，白萝卜30克，羊肉80克，大米100克

● 调料　盐3克，醋8克，葱花少许

● 做法

①胡萝卜、白萝卜均去皮，洗净，切块；羊肉洗净，切片，入开水中汆烫，捞出；大米淘净，泡好。②锅中注水，下入大米，大火煮开，下入胡萝卜、白萝卜，转中火熬煮至米粒开花。③下入羊肉片熬煮熟，加盐、醋调味，撒入葱花即可。

营养功效

羊肉为温阳、补肾、补虚之品。羊肉和白萝卜是较佳搭配。此粥能够在日常生活中帮助调理肾病。

鸡翅大虾香菇粥

● 材料　鸡翅50克，大虾30克，香菇20克，油菜10克，大米120克

● 调料　盐3克

● 做法

①大虾收拾干净；香菇泡发，洗净，切片；油菜洗净，切碎；鸡翅洗净，打上花刀；大米淘净，泡好。②大米倒入锅中，加适量清水，大火煮沸，下入大虾、鸡翅、香菇，转中火煮至米粒开花。③转小火，下入油菜，待粥熬好，调入盐调味即可。

营养功效

鸡翅能够补肾、清肝、明目，常吃鸡翅能够补肾润脾、解热除烦；大虾有助于补肾和壮阳。此粥能有效改善肾脏功能。

鸡蛋虾仁粥

●**材料** 大米100克，虾仁10克，鸡蛋1个

●**调料** 盐3克，味精2克，料酒、醋、葱花、姜末适量

●**做法**

①大米洗干净，放入清水中浸泡；虾仁洗净，用料酒、醋腌渍去腥。②锅置火上，注入清水，放入大米煮至八成熟。③ 再放入虾仁，磕入鸡蛋，打散后放入姜末煮至粥稠，加盐、味精调匀，撒上葱花即可。

营养功效

鸡蛋中的蛋黄性温而气浑，能滋阴润燥、养血熄风；虾具有补肾壮阳的作用。此粥具有补肾益气之功，适合肾虚、肾亏者食用。

枸杞鸽粥

●**材料** 枸杞50克，黄芪30克，乳鸽1只，大米80克

●**调料** 生抽4克，盐3克，胡椒粉4克，葱花适量

●**做法**

①枸杞、黄芪洗净；大米淘净，泡半小时；鸽子收拾干净，斩块，用生抽腌制，炖好。②大米放入锅中，加适量清水，旺火煮沸，下入枸杞、黄芪，中火熬煮。③再下入鸽肉熬煮成粥，加盐、胡椒粉调味，撒葱花即可。

营养功效

鸽肉性平，味咸，无毒，有解毒、补肾壮阳、缓解神经衰弱之功效；枸杞是滋肾、润肺、平肝的高级补品。此粥是补肾养肾的首选佳品。

香葱虾米粥

●材料 圆白菜叶、小虾米各20克，大米100克

●调料 盐3克，味精2克，葱花、芝麻油各适量

●做法

①大米洗净，放入清水中浸泡；小虾米洗净；圆白菜叶洗净，切细丝。②锅置火上，注入清水，放入大米煮至七成熟。③放入虾米煮至米粒开花，放入圆白菜叶稍煮，加盐、味精、芝麻油调匀，撒葱花即可。

营养功效

虾米中钙的含量为各种动植物食品之冠，为补肾壮阳的佳品。此粥可补肾，对肾虚阳痿、早泄遗精等症，有很好的食疗作用。

瘦肉虾米冬笋粥

●材料 大米150克，猪肉50克，虾米30克，冬笋20克

●调料 盐3克，味精1克，葱花少许

●做法

①虾米洗净；猪肉洗净，切丝；冬笋去壳，洗净，切片；大米淘净，浸泡半小时后捞出沥干水分，备用。②锅中放入大米，加入适量清水，旺火煮开，改中火，下入猪肉、虾米、冬笋，煮至虾米变红。小火慢熬成粥，下入盐、味精调味，撒上葱花即可。

营养功效

冬笋是高蛋白、低淀粉食品；虾米中富含矿物质钙、磷、铁，是补肾佳品；猪肉有补中益气、保肝补肾之功效。此粥性温，能够滋阴补肾。

祛湿

中医上将湿邪分为两种，即外湿和内湿。外湿多因气候潮湿、涉水淋雨、居处潮湿等原因而致；内湿多是疾病病理变化的产物，多由嗜酒成癖、过食生冷以致寒湿内侵、脾阳失运所致。

湿邪的表现： 经常觉得疲劳，两眼发昏打不起精神，小腿发胀发酸；刷牙时总感觉恶心呕吐，喉中似有痰积；通便时，大便颜色发青，溏软不成形，总有排不净的感觉，这些都是体内有湿邪、心力不足的症状。

祛湿的饮食原则： 在日常生活中，可以多吃一些具有健脾祛湿功效的食物，多补充一些含有纤维素、膳食纤维和维生素的食物，以便将滞留在人体内的湿气排出体外，帮助恢复健康。

重点推荐的食材有： 薏米、小米、糙米、玉米、红豆、黑豆、山药、冬瓜、洋葱、芹菜、马齿苋、南瓜、黄花菜、胡萝卜、莲藕、百合、芦笋、茼蒿、鲫鱼、鲤鱼等。

麻仁葡萄粥

● **材料** 芝麻仁10克，葡萄干20克，油菜30克，大米100克

● **调料** 盐2克

● **做法**

①大米洗净，泡发半小时后，捞出沥干水分；葡萄干、麻仁均洗净；油菜洗净，切丝。②锅置火上，倒入适量清水烧沸，放入大米，以大火煮开。③加入芝麻仁、葡萄干同煮至米粒开花，再下入油菜煮至浓稠状，调入盐拌匀即可。

营养功效

芝麻仁富含蛋白质、铁、钙、磷等，有补肝益肾、强身健体的作用；葡萄干祛湿，加入煮粥，适合食欲不振、腹胀腹泻患者食用。

薏米鸡肉粥

● 材料 鸡肉150克，薏米30克，大米60克

● 调料 料酒、鲜汤、盐、胡椒粉、葱花各适量

● 做法

①鸡肉洗净，切小块，用料酒腌渍；大米、薏米淘净，泡好。②锅中注入鲜汤，下入大米、薏米，大火煮沸，下入腌好的鸡肉，转中火熬煮。③用小火将粥熬至黏稠时，调入盐、胡椒粉调味，撒入葱花即可。

营养功效

薏米能强筋骨、健脾胃、消水肿、祛风湿、清肺热；鸡肉可温中益气、补精填髓。此粥可清热祛湿。

温馨提示 Tips

薏米先用水浸泡几小时，更易煮烂。

山药莴笋粥

● 材料 山药30克，莴笋20克，白菜15克，大米90克

● 调料 盐3克

● 做法

①山药去皮洗净，切块；白菜洗净，撕成小片；莴笋去皮洗净，切片；大米洗净，泡发半小时后捞起备用。②锅内注水，放入大米，用旺火煮至米粒开花，放入山药、莴笋同煮。③待煮至粥成闻见香味时，下入白菜再煮3分钟，放入盐搅匀即可。

营养功效

莴笋有利于调节体内盐的平衡，还能改善消化系统和肝脏功能，有助于抵御属于风湿性疾病的痛风。此粥有祛湿、健脾的功效。

温馨提示 Tips

煮此粥可加入适量芝麻油。

山药熟地大米粥

●材料 山药、白茯苓、熟地、枸杞各适量，大米90克

●调料 白糖8克

●做法

①大米洗净；山药去皮洗净，切块；白茯苓、枸杞洗净；白茯苓入锅，倒入一碗水熬至半碗，去渣待用。②锅内注水，放入大米，用大火煮至米粒绽开，放入山药、熟地、枸杞。③倒入白茯苓汁，改用小火煮至粥成，放入白糖调味即可食用。

营养功效

熟地有滋阴补血、益精填髓的功效，用于治疗内热消渴、血虚萎黄、月经不调等，加入大米煮粥能够健脾祛湿，增强免疫力。

百合南瓜大米粥

●材料 南瓜、百合各20克，大米90克

●调料 盐2克

●做法

①大米洗净，泡发半小时后捞起沥干；南瓜去皮洗净，切成小块；百合洗净，削去边缘黑色部分备用。②锅置火上，注入清水，放入大米、南瓜，用大火煮至米粒开花。③再放入百合，改用小火煮至粥浓稠时，调入盐入味即可。

营养功效

南瓜有润肺益气、祛湿驱虫、解毒的功效；百合可除燥戒湿。此粥是祛湿的食补佳品。

蔬菜蛋白粥

●材料 白菜、鲜香菇各20克，咸蛋白1个，大米、糯米各50克

●调料 盐、葱花、芝麻油各适量

●做法

①大米、糯米洗净，用清水浸泡半小时；白菜、鲜香菇洗净，切丝；咸蛋白切块。②锅置火上，注入清水，放入大米、糯米煮至八成熟。③放入鲜香菇、咸蛋白煮至粥将成，放入白菜稍煮，待黏稠时，加盐、芝麻油调匀，撒上葱花即可。

营养功效

大米和糯米都是日常主食，富含膳食纤维和营养；蔬菜是补充维生素所必需的食物，能祛火祛湿。此粥可清热解毒，既有营养又健康。

温馨提示Tips

加入少许白糖调味，会让此粥更美味。

黄瓜胡萝卜粥

●材料 黄瓜、胡萝卜各15克，大米90克

●调料 盐3克，味精少许

●做法

①大米泡发洗净；黄瓜、胡萝卜洗净，切成小块。②锅置火上，注入清水，放入大米，煮至米粒开花。③放入黄瓜、胡萝卜，改用小火煮至粥成，调入盐、味精入味即可。

营养功效

黄瓜含有人体生长发育和生命活动所必需的多种糖类、氨基酸和维生素，有祛湿利尿作用。此粥可有效地对抗皮肤老化，还可祛湿。

温馨提示Tips

此粥尤其适合糖尿病患者食用。

补钙

人体中有99%的钙质存在于骨骼和牙齿中，支持着人体的运动和咀嚼能力，另1%的钙质存在于血液和组织器官中，又称为血钙。缺钙一般是由于钙质补充不足或营养不良所致。会引起贫血、骨质疏松、颈椎病、腰椎病等。

缺钙的表现： 轻度缺钙，人体可能出现盗汗、易受惊、心神不安、抽筋、指甲变形、发育不良等症状；重度缺钙，则有可能出现免疫力低下、大脑发育迟缓症状，甚至导致佝偻病等。

补钙的饮食原则： ①平时多食用一些含钙量较高的粥品，更利于促进钙质吸收。②早补优于晚补，从婴幼儿时期就应注重补钙食疗。

重点推荐的食材有： 黄豆、毛豆、扁豆、蚕豆、花生、松子、黑芝麻、核桃、杏仁、山楂、莲子、大白菜、小白菜、菜花、油菜、猪肉、鸡肉、鸡蛋、鱼肉、虾米、泥鳅、牡蛎、蚌肉、田螺、紫菜、海带、豆腐、牛奶、酸奶等。

山楂猪骨大米粥

●**材料** 干山楂50克，猪骨头500克，大米80克

●**调料** 盐3克，料酒、葱花各适量

●**做法**

①干山楂用温水泡发，洗净；猪骨洗净，斩件，入沸水汆烫，捞出；大米淘净，泡好。②猪骨入锅，加清水、料酒，旺火烧开，下入大米至米粒开花，转中火熬煮。③转小火，放入山楂，熬煮成粥，加入盐调味，撒上葱花即可。

营养功效

猪骨含有大量磷酸钙、骨胶原、骨黏蛋白，有补脾、补中益气、养血健骨的食疗作用。经常食用此粥可补钙，尤其适合骨质疏松患者食用。

山药鹿茸山楂粥

- **材料** 山药30克，鹿茸适量，山楂片少许，大米100克
- **调料** 盐2克，味精少许
- **做法**

①山药去皮洗净，切块；大米洗净；山楂片洗净，切丝。②鹿茸入锅，熬取汁液待用，原锅注水，放入大米，用大火煮至米粒绽开，放入山药、山楂同煮。③倒入熬好的鹿茸汁，改用小火煮至粥成时，放入盐、味精调味即成。

营养功效

鹿茸有强筋壮骨、补肾壮阳的功效；山药维生素含量丰富，能补充膳食纤维，增强体质。常喝此粥能够补充人体钙质，防治骨质疏松。

温馨提示 Tips

阴虚阳亢、血分有热等患者均忌服鹿茸。

火腿泥鳅粥

- **材料** 大米、泥鳅、火腿各适量
- **调料** 盐3克，胡椒粉、芝麻油、香菜末各适量
- **做法**

①大米淘洗干净；泥鳅收拾干净后切小段；火腿洗净，切片。②油锅烧热，放入泥鳅段翻炒，烹入盐，炒熟后盛出。③锅置火上，注入清水，放入大米煮至五成熟；放入泥鳅段、火腿煮至米粒开花，加盐、胡椒粉、芝麻油调匀，撒上香菜末即可。

营养功效

同等重量下，泥鳅的钙含量是鲤鱼的近6倍，是带鱼的10倍左右；火腿有增强人体免疫力的作用。此粥是补钙滋补之品。

温馨提示 Tips

煮此粥最好选择新鲜、无异味的泥鳅煲粥。

鸡肉香菇干贝粥

●**材料** 熟鸡肉150克，香菇60克，干贝50克，大米80克

●**调料** 盐3克，香菜段适量

●**做法**

①香菇泡发，洗净，切片；干贝泡发，撕成细丝；大米淘净，浸泡半小时；熟鸡肉撕成细丝。②大米放入锅中，加水烧沸，下入干贝、香菇，转中火熬煮至米粒开花。③下入熟鸡肉，转小火将粥焖煮好，加盐调味，撒入香菜段即可。

营养功效

鸡肉富含维生素和钙等成分；香菇含有丰富的维生素D，能促进钙、磷的消化吸收，有助于骨骼和牙齿的发育。常食此粥可补钙强体。

冬菇鸡肉粥

●**材料** 鸡脯肉120克，冬菇60克，大米80克

●**调料** 鸡高汤、盐、葱花各适量

●**做法**

①鸡脯肉洗净，切丝；冬菇用水泡发，切片；大米淘净，浸泡半小时后捞出沥干水分。②大米放入锅中，倒入鸡高汤，旺火煮沸，放入鸡肉、冬菇，转中火熬煮。③转小火，将粥熬至浓稠，加盐调味，撒上葱花即可。

营养功效

冬菇有补气益胃功效；鸡肉含有的多种维生素、钙、磷等营养物质，可补充能量和钙质。此粥可以预防人体钙质的流失。

香菜鲇鱼粥

●材料 大米100克，鲇鱼肉50克，香菜末、枸杞少许

●调料 盐3克，味精2克，料酒、姜丝、芝麻油适量

●做法

①大米洗净，用清水浸泡；鲇鱼肉收拾干净后用料酒腌渍去腥。②锅置火上，放入大米，加适量清水煮至五成熟。③放入鱼肉、洗净的枸杞、姜丝煮至米粒开花，加盐、味精、芝麻油调匀，撒上香菜末即可。

营养功效

鲇鱼肉富含钙、磷、维生素A、维生素D，具有补气、滋阴、开胃的作用，同时也是补钙的良好食品。此粥可以完善补钙者的膳食结构。

温馨提示Tips

有胆囊炎的人忌食鲇鱼粥。

排骨虾米粥

●材料 猪小排骨400克，虾米100克，大米80克

●调料 盐、姜末、味精、葱花各适量

●做法

①猪排骨洗净，斩块，入开水中汆去血水后，捞出；大米淘净，浸泡半小时备用；虾米洗净。②排骨入锅，加入适量清水、盐、姜末，旺火烧开，再煮半小时，下入大米煮至米粒开花。③下入虾米，熬煮成粥，加盐、味精调味，撒上葱花即可。

营养功效

排骨含有大量磷酸钙、骨胶原等；虾米中含有十分丰富的矿物质钙、磷、铁，能补充人体所需的钙质。此粥具有补钙、强身健体的功效。

温馨提示Tips

虾米宜用清水泡洗干净。

豆腐香菇粥

●材料　水发香菇、豆腐各适量，大米100克

●调料　盐3克，味精1克，姜丝、蒜片、葱各少许

●做法

①大米泡发洗净；豆腐洗净，切块；香菇洗净，切条；葱洗净，切花。②锅置火上，注入清水，放入大米煮开，放入香菇、豆腐、姜丝、蒜片同煮。③煮至粥成，调入盐、味精入味，撒上葱花即可。

营养功效

豆腐中富含蛋白质，铁、钙、磷等人体所需的物质，具备补钙的功效；香菇能促进钙的消化吸收。此粥能预防人体钙质流失。

洋葱大蒜粥

●材料　大蒜、洋葱各15克，大米90克

●调料　盐2克，味精1克，葱、生姜各少许

●做法

①大蒜去皮，洗净，切块；洋葱洗净，切丝；生姜洗净，切丝；大米洗净，泡发；葱洗净，切花。②锅置火上，注水后，放入大米用旺火煮至米粒绽开，放入大蒜、洋葱、姜丝。③用小火煮至粥成，加入盐、味精入味，撒上葱花即可。

营养功效

洋葱具有补钙健骨的作用；大蒜是天然的杀菌剂，搭配洋葱可以抗菌补钙。此粥有助于钙质的吸收。

羊肉当归黄芪粥

●材料　羊肉100克，当归20克，黄芪10克，大米20克

●调料　盐3克，味精1克，葱花、姜末各适量

●做法

①当归、黄芪洗净；羊肉洗净，切片，入开水汆烫，捞出；大米淘净，泡半小时。②锅中注水，下入大米，大火煮开，下入羊肉、姜末，转中火熬煮至米粒开花。③下入当归、黄芪，改小火，待粥熬出香味，加盐、味精调味，撒上葱花即可。

营养功效

羊肉含有维生素及钙等矿物质，营养十分全面；黄芪有补气作用。此粥有利于促进钙质吸收。

参鸡粥

●材料　高丽参50克，鸡肉150克，鸡肝70克，大米80克

●调料　盐3克，陈皮5克，葱花适量

●做法

①鸡肉洗净，切丁；鸡肝洗净，切片；高丽参洗净，熬煮取汁；大米淘净，泡好。②大米放入锅中，倒入适量清水用大火烧沸，下入鸡肉、陈皮，转中火熬煮至米粒开花。③倒入高丽参汁，下入鸡肝用小火熬煮成粥，加盐调味，撒上葱花即可。

营养功效

鸡肉属于高蛋白食物，还有助于补充钙质；大米中本身含有蛋白质和糖类、钙质。此粥能够保证人体摄入足够的钙质，预防钙的缺失。

明目

由于疲累或不注意用眼卫生，眼睛就会出现很多不适症状。眼睛不适会对正常生活造成不同程度的影响，如果不加以重视，就可能导致情况继续恶化。

眼睛疲劳的表现：频繁流眼泪、眼睛干、眼睛疼、夜盲、导致近视眼等。

明目的饮食原则：多补充维生素A、锌元素、维生素C。维生素A与正常视觉有密切关系，如果维生素A不足，则视紫红质再生慢，而且不完全，暗适应时间延长，严重时会造成夜盲症；锌元素在人体眼睛中会参与维生素A的代谢与运输，维持视网膜色素上皮的正常组织状态，维护正常视力功能；多吃一些富含维生素C的食品，可以帮助减弱光线与氧气对眼睛晶状体的损害。

重点推荐的食材有：绿豆、黄豆、毛豆、豌豆、红薯、核桃、花生、板栗、榛子、松子、腰果、杏仁、苦瓜、西红柿、菠菜、芹菜、胡萝卜、西蓝花、猪肉、鸡肉、鸡蛋、甲鱼、螃蟹、田螺、牛奶等。

温馨提示Tips
患有高血压者不宜食此粥。

豆豉枸杞叶粥

●**材料** 大米100克，豆豉汁、鲜枸杞叶各适量

●**调料** 盐3克，葱5克

●**做法**

①大米洗净，泡发1小时后捞出沥干水分；枸杞叶洗净，切碎；葱洗净，切花。②锅置火上，放入大米，倒入适量清水，煮至米粒开花，再倒入豆豉汁。③待粥至浓稠状时，放入枸杞叶同煮片刻，调入盐拌匀，撒上葱花即可。

营养功效

枸杞叶能够益精明目、滋补肝肾，主治目眩昏暗、多泪、肾虚腰酸等症；豆豉能够疏风解表，清热除烦。常食用此粥有助于保肝、明目。

桂圆腰豆粥

●材料 糯米80克，麦仁、腰豆、红豆、花生、绿豆、桂圆、莲子各适量

●调料 白糖10克

●做法

①麦仁、腰豆、红豆、花生、绿豆、桂圆、莲子均泡发洗净；糯米洗净。②锅置火上，注水后，放入所有原料煮至开花。③改用小火煮至粥浓稠闻见香味，放入白糖调味即可食用。

营养功效

腰果对夜盲症、干眼病及皮肤角化有防治作用；桂圆有补益心脾、抗衰老的作用。此粥能够辅助减轻眼睛疲累以及频繁流泪的症状。

五色冰糖粥

●材料 嫩玉米粒、香菇丁、青豆、胡萝卜丁各适量，大米80克

●调料 冰糖3克

●做法

①大米泡发洗净；玉米粒、青豆洗净；香菇丁泡发洗净。②锅置火上，注水后，放入大米、玉米粒，用大火煮至米粒绽开。③放入香菇丁、青豆、胡萝卜丁，煮至粥成，调入冰糖煮至融化即可。

营养功效

冰糖具有补充体液、供给能量作用；胡萝卜清肝明目、健脾和胃。此粥可以明目，缓解睡眠不足引起的眼涩等症状。

胡萝卜菠菜粥

●材料　胡萝卜15克，菠菜20克，大米100克

●调料　盐3克，味精1克

●做法

①大米泡发洗净；菠菜洗净；胡萝卜洗净，切丁。②锅置火上，注入清水后，放入大米，用大火煮至米粒绽开。③放入菠菜、胡萝卜丁，改用小火煮至粥成，调入盐、味精入味，即可食用。

营养功效

胡萝卜含有的维生素A，具有保持视力正常、治疗夜盲症等功能；常吃菠菜可以帮助人体维持正常视力。此粥有明目、养颜的作用。

瘦肉西红柿粥

●材料　西红柿100克，猪肉100克，大米80克

●调料　盐、味精、葱花、芝麻油各少许

●做法

①西红柿洗净，切成小块；猪肉洗净切丝；大米淘净，泡半小时。②锅中放入大米，加适量清水，大火烧开，改用中火，下入猪肉，煮至猪肉变熟。③改小火，放入西红柿，慢煮成粥，下入盐、味精调味，淋上芝麻油，撒上葱花即可。

营养功效

维生素C对眼睛十分有益。人眼中维生素C的含量比血液中高出数倍，而西红柿则含有丰富的维生素C。此粥对眼干、眼疼、近视等有食疗作用。

红枣当归乌鸡粥

●材料 大米120克，乌鸡肉50克，当归10克，油菜20克，红枣30克

●调料 料酒、生抽、盐各适量

●做法

①大米淘净，泡好；乌鸡肉洗净，剁成块，加入料酒、生抽、盐腌渍片刻；油菜洗净，切碎；当归、红枣洗净。②锅中加适量清水，下入大米大火煮沸，下入乌鸡肉、当归、红枣，转中火熬煮至粥将成。③再下入油菜熬煮成粥，下入盐调味即可。

营养功效

当归具有补血活血的功效；红枣有补血、明目的作用。此粥能够补充多种维生素，还可以帮助减弱光线与氧气对眼睛晶状体的损害。

枸杞鹌鹑粥

●材料 大米、枸杞各适量，鹌鹑2只

●调料 料酒5克，生抽、姜丝、盐、葱花各3克，鸡精2克

●做法

①枸杞洗净；大米淘净；鹌鹑收拾干净，切块，用料酒、生抽腌渍。②油锅烧热，放鹌鹑过油捞出；锅中注水，下大米烧沸，下入鹌鹑、姜丝、洗净的枸杞，转中火熬煮至沸。③再以慢火熬化成粥，调入盐、鸡精调味，撒上葱花即可。

营养功效

枸杞性平，味甘，归肝经、肾经、肺经，有保肝、明目、降压、补血等多种功效；鹌鹑有健筋骨、固肝肾的功效。此粥有保肝明目的功效。

乌发

根据人的体质、生理特征等，每个人的头发会呈现出不同的形态，包括发质、形状、粗细等。头发不健康一般是由于肾虚、脂溢性皮炎、经常烫拉、营养不良等引起的。

头发不健康的表现：头发干枯、分叉、枯黄黯淡、脱发、长白发及头发过细等，严重时甚至会有脱落现象。

乌发的饮食原则：多吃一些有助于乌发固发的食物。海带、紫菜等海藻类食物含碘丰富，可使头发有光泽。除此之外，一些含有蛋白质、维生素C、维生素E、维生素B_1、铜的食物，也能帮助乌发固发，滋养头发。

重点推荐的食材有：糯米、毛豆、豌豆、黑豆、黄豆、黑芝麻、花生、核桃、芹菜、油菜、西红柿、南瓜、猪瘦肉、猪肝、虾、海带、紫菜、牛奶等。

温馨提示Tips

变质银耳不可食用，以防中毒。

南瓜银耳粥

●**材料** 南瓜20克，银耳40克，大米60克

●**调料** 白糖5克，葱花少许

●**做法**

①大米泡发洗净；南瓜去皮洗净，切小块；银耳泡发洗净，撕成小朵。

②锅置火上，注入清水，放入大米、南瓜煮至米粒绽开后，再放入银耳。

③用小火煮至粥浓稠闻见香味时，调入白糖入味，撒上葱花即可。

营养功效

银耳能提高肝脏的排毒能力，同时是滋补良药，富含膳食纤维，有助于养发；南瓜营养成分齐全，可以防止脱发。此粥常食能使头发柔顺有光泽。

牛奶芦荟稀粥

●**材料** 牛奶20克，芦荟10克，红椒少许，大米100克

●**调料** 盐2克

●**做法**

①大米泡发洗净；芦荟洗净，切小片；红椒洗净，切圈。②锅置火上，注入清水后，放入大米，煮至米粒绽开。③放入芦荟、红椒，倒入牛奶，用小火煮至粥成，调入盐入味即可。

营养功效

芦荟可以美容、固发乌发；牛奶中含有优质蛋白，可以养发。此粥可以补充维生素，有乌发的功效。

温馨提示Tips

牛奶不适宜保存过久，建议现买现食。

羊骨糯米枸杞粥

●**材料** 羊骨250克，糯米、枸杞各适量

●**调料** 姜末3克，盐2克，味精1克，葱花3克，葱白5克

●**做法**

①糯米淘净，泡3小时；枸杞洗净；羊骨洗净，剁成块，入开水中汆烫，捞出。②锅中注水，下入糯米旺火烧开，下入羊骨、姜末、枸杞，转中火熬煮至米粒开花。③下入葱白，转小火，熬煮成粥，调入盐、味精调味，撒入葱花即可。

营养功效

糯米含有蛋白质和丰富的维生素，有养血、乌发、润燥作用；枸杞是常用的营养滋补品，有明目乌发等功效。此粥有助于调理身体以及乌发养发。

温馨提示Tips

此粥加入适量大枣，有治疗贫血的食疗作用。

阿胶糯米补血粥

●材料　糯米80克，阿胶适量

●调料　盐1克，葱花2克

●做法

①糯米淘洗干净，置于清水中浸泡半小时后，捞出备用；阿胶打碎，置于锅中烊化待用。②锅置火上，放入糯米，加入适量清水，以大火煮开。③最后倒入烊化的阿胶，转小火煮至粥呈浓稠状，调入盐拌匀，撒上葱花即可。

营养功效

阿胶能够滋阴润肺、补血养血；糯米有滋润、美发养发功效。此粥是女性乌发养发、补血养颜的健康食疗之方。

鸡丁玉米粥

●材料　大米80克，母鸡肉200克，玉米50克

●调料　鸡高汤50克，料酒3克，盐2克，葱花1克，芝麻油适量

●做法

①母鸡肉洗净，切丁，用料酒腌渍；大米、玉米淘净，泡好。②锅中倒入鸡高汤，放入大米和玉米，旺火烧沸，下入腌好的鸡肉，转中火熬煮。③慢火将粥熬出香味，调入盐调味，淋芝麻油，撒入葱花即可。

营养功效

玉米富含维生素，可固发乌发；鸡丁能补充人体所需物质，有养发作用。此粥能够帮助人们乌发固发，调节因为营养不良而引起的脱发。

最适宜以粥调养的病症

Zui Shi Yi Yi Zhou Tiao Yang De Bing Zheng

●本章将针对一些最适宜以粥调养的病症进行详细的介绍，并且针对每一种病症推荐许多款食疗粥品。如感冒、失眠、痛经、便秘、腹泻、消化性溃疡、口腔溃疡、高血压、高脂血症等常见疾病都可以通过粥膳来调理。这些粥品不仅美味滋补，而且还可以防病祛病，达到养生保健的目的。

感冒

感冒是一种自愈性疾病，一般可分为普通感冒和流行感冒。普通感冒是由多种病毒引起的一种呼吸道常见病。流行性感冒是由流感病毒引起的急性呼吸道传染病，病毒存在于病人的呼吸道中，在病人咳嗽、打喷嚏时经飞沫传染给别人。

症状表现：中医将感冒分为风寒型感冒、风热型感冒和暑湿型感冒三类。风寒型感冒有鼻塞、打喷嚏、咳嗽、头痛、畏寒、无汗等症状；风热型感冒有流涕、痰液黏稠呈黄色、喉咙痛等症状；暑湿型感冒有畏寒、头痛、头胀、腹痛、腹泻等症状。

饮食原则：感冒时应多进食清淡、易消化的食物，如米粥、面条等，避免吃煎炸、油腻食物。感冒时多喝热粥，有助于发汗、散热、祛风寒、促进感冒的治愈，还可以起到保护胃黏膜的作用。此外还应多食用富含钙、锌元素及维生素的食物，这些食物对病毒有一定的抑制作用。

重点推荐的食材有：绿豆、薏米、赤小豆、白扁豆、南瓜、冬瓜、豆芽、胡萝卜、芹菜、西红柿、莲藕等。

南瓜木耳粥

●**材料** 黑木耳15克，南瓜20克，糯米100克

●**调料** 盐3克，葱少许

●**做法**

①糯米洗净，浸泡半小时后捞出沥干水分；黑木耳泡发洗净，切丝；南瓜去皮洗净，切成小块；葱洗净，切花。②锅置火上，注入清水，放入糯米、南瓜用大火煮至米粒绽开后，再放入黑木耳。③用小火煮至粥成后，调入盐搅匀入味，撒上葱花即可。

营养功效

南瓜能提高机体免疫力，对感冒患者有很好的辅助治疗作用；木耳能促进人体康复。此粥有利于增强免疫力，防治感冒。

南瓜菠菜粥

●材料　南瓜、菠菜、豌豆各50克，大米90克

●调料　盐3克，味精少许

●做法

①南瓜去皮洗净，切丁；豌豆洗净；菠菜洗净，切成小段；大米泡发洗净。②锅置火上，注入适量清水后，放入大米用大火煮至米粒绽开。③再放入南瓜、豌豆，改用小火煮至粥浓稠，最后下入菠菜再煮3分钟，调入盐、味精搅匀入味即可。

营养功效

菠菜能促进人体新陈代谢，增强免疫力，适宜感冒患者食用；南瓜能够促进人体蛋白质合成，提高人的免疫力。此粥能帮助人们预防感冒。

枸杞南瓜粥

●材料　南瓜20克，粳米100克，枸杞15克

●调料　白糖5克

●做法

①粳米泡发洗净；南瓜去皮洗净，切块；枸杞洗净。②锅置火上，注入清水，放入粳米，用大火煮至米粒绽开。③放入枸杞、南瓜，用小火煮至粥成，调入白糖入味，即成。

营养功效

枸杞多用于治疗感冒、腰膝酸软、头晕目眩等病症；南瓜是可提高免疫力，对感冒有辅助治疗功效的食物。此粥有助于感冒患者的复原。

冬瓜竹笋粥

●材料 大米100克，山药、冬瓜、竹笋各适量

●调料 盐2克，葱少许

●做法

①大米洗净；山药、冬瓜去皮洗净，均切小块；竹笋洗净，切片；葱洗净，切花。②锅注水后放大米，煮至米粒绽开后，放山药、冬瓜、竹笋。③改用小火，煮至粥浓稠时，放入盐调味，撒上葱花即可。

营养功效

冬瓜可食疗暑湿症和感冒；竹笋所含粗纤维对肠胃蠕动有促进的功用，有消炎、通血脉、化痰涎功效。此粥感冒患者宜食，可益气养生。

芹菜红枣粥

●材料 芹菜、红枣各20克，大米100克

●调料 盐3克，味精1克

●做法

①芹菜洗净，取梗切成小段；红枣去核洗净；大米泡发洗净。② 锅置火上，注水后，放入大米、红枣，用旺火煮至米粒开花。③放入芹菜梗，改用小火煮至粥浓稠时，加入盐、味精入味即可。

营养功效

芹菜含铁量较高，别具芳香，能缓解或消除人因生病、感冒引起的食欲不振症状。红枣可以调节脾胃，补充维生素，对感冒受寒有食疗作用。此粥感冒患者食用有利于增进食欲。

桂圆胡萝卜大米粥

●材料　桂圆肉、胡萝卜各适量，大米100克

●调料　白糖15克

●做法

①大米泡发洗净；胡萝卜去皮洗净，切小块；桂圆肉洗净。②锅置火上，注入清水，放入大米用大火煮至米粒绽开。③放入桂圆肉、胡萝卜，改用小火煮至粥成，调入白糖即可食用。

营养功效

桂圆中富含高碳水化合物和维生素，对感冒后需要调养及体质虚弱的人有辅助疗效。胡萝卜有清热、止咳等功效，对于感冒等有食疗作用。故此粥感冒后食用有利健康。

温馨提示Tips
大便滑泻者不宜食用桂圆肉。

西红柿桂圆粥

●材料　西红柿、桂圆肉各20克，糯米100克，油菜少许

●调料　盐3克

●做法

①西红柿洗净，切丁；桂圆肉洗净；糯米洗净，泡发半小时；油菜洗净，切碎。②锅置火上，注入清水，放入糯米、桂圆，用旺火煮至绽开。③再放入西红柿，改用小火煮至粥浓稠时，下入油菜稍煮，再加入盐调味即可。

营养功效

西红柿具有开胃消食、清热解毒的功效，可辅助治疗感冒等；桂圆中富含高碳水化合物、蛋白质和维生素。此粥滋补营养，有助于感冒患者的治疗和恢复。

温馨提示Tips
急性肠炎和糖尿病人忌吃此粥。

失眠

失眠是指无法入睡或无法保持睡眠状态，又称入睡和维持睡眠障碍。引起失眠的原因有很多，如情志、饮食内伤、健康不佳、疼痛或不适等。失眠是一种常见病，而睡眠不足会使人体免疫力下降，抗病能力低下，所以要注意提前预防。

症状表现：入睡困难；不能熟睡，睡眠时间减少；早醒、醒后无法再入睡；睡过之后精力没有恢复；容易被惊醒，有的对声音敏感，有的对灯光敏感。

饮食原则：可以适当地选吃含有维生素较多的食物，如奶类、蔬菜，还可以多补充锌、铁、锰等微量元素，有利于养心安神、除烦解渴；适当食用含脂肪较多的食物也是十分重要的，因为脂类食物进入人体后，脑神经会分泌一种类似消化激素的物质，以诱人入睡。忌一切刺激性食物，如浓茶、浓咖啡、辣椒、胡椒粉、烟和白酒等。失眠患者尤其可以多进食五谷类的粥品，以帮助除烦助眠。

重点推荐的煲粥食材有：黄豆、花生、核桃、小米、绿豆、莲子、红枣、牛奶、香蕉、洋葱、葵花子、桂圆等。

猪骨黄豆粥

●**材料** 黄豆、猪骨、大米各适量

●**调料** 盐4克，味精1克，姜丝10克，生抽6克，葱花少许

●**做法**

①大米淘净，浸泡好；猪骨洗净，斩件，用盐、味精、生抽腌渍5小时入味；黄豆泡好，洗净。②猪骨入锅，加清水、盐、姜丝，大火烧开，下入大米煮至米粒开花，改中火，加入黄豆熬煮。③再改小火熬成粥，调入盐、味精调味，撒上葱花即可。

营养功效

猪骨含有蛋白质、维生素，有补中益气、治失眠的食疗作用；黄豆富含维生素，有助睡眠。此粥有助于安心养神、除烦助眠。

牛肉黄豆大米粥

●材料　牛肉100克，黄豆50克，大米80克

●调料　姜末3克，葱花2克，盐3克，鸡精2克，生抽适量

●做法

①黄豆洗净，浸泡1小时；大米淘净，泡好；牛肉洗净，切片，用生抽腌渍入味。②大米、黄豆入锅，加适量清水，旺火烧沸，下入牛肉、姜末，转中火熬煮。③待粥熬出香味，加盐、鸡精调味，撒上葱花即可。

营养功效

牛肉可补脾胃、益气血，对睡眠不佳等症有一定的食疗作用；黄豆富含多种维生素，可助睡眠。此粥能够有效改善失眠人群阴虚火旺症状。

花生粥

●材料　花生米40克，大米80克

●调料　盐2克，葱8克

●做法

①大米泡发洗净；花生米洗净；葱洗净，切花。②锅置火上，倒入清水，放入大米、花生米煮开。③待煮至浓稠状时，调入盐拌匀，撒上葱花即可。

营养功效

花生含有大量的碳水化合物、多种维生素以及多种微量元素，具有润肺化痰作用，有助睡眠功效。此粥对治疗失眠和体虚症状有明显作用。

陈皮花生大米粥

● 材料　陈皮适量，花生米40克，大米80克

● 调料　白糖4克，葱5克

● 做法

①大米泡发洗净；花生米洗净；陈皮洗净，切丝；葱洗净，切成花。②锅置火上，加入适量清水，放入大米、花生煮至米粒开花。③再下入陈皮煮至浓稠状，撒上葱花，调入白糖拌匀即可。

营养功效

陈皮主治脾胃气滞之脘腹胀满或疼痛不适等，有帮助理气、改善睡眠的功效；花生中含丰富的营养物质，可以滋补养神。因此此粥能够辅助治疗失眠症状，改善睡眠质量。

核桃健脑粥

● 材料　大米80克，核桃仁、百合、黑芝麻各适量

● 调料　白糖4克，葱8克

● 做法

①大米泡发洗净；核桃、黑芝麻均洗净；百合洗净，削去黑色边缘；葱洗净，切花。②锅置火上，倒入清水，放入大米煮至米粒开花。③加入核桃仁、百合、黑芝麻同煮至浓稠状，调入白糖拌匀，撒上葱花即可。

营养功效

核桃营养丰富，久服轻身益气、养身安心，而且核桃中含有亚油酸和大量的维生素E，能够帮助睡眠、安神养气。此粥在睡前食用可以帮助睡眠，排除睡眠障碍。

核桃益智粥

●材料　大米100克，核桃仁适量

●调料　盐2克，葱10克

●做法

①大米洗净，泡发半小时后捞出沥干水分；核桃仁冲净备用；葱洗净，切花。②锅置火上，倒入清水，放入大米，以大火煮至米粒开花。③加入核桃仁同煮片刻，再以小火煮至浓稠状，撒上葱花，调入盐拌匀即可。

营养功效

核桃仁是“滋补肝肾、强健筋骨之要药”，可用于辅助治疗筋骨疼痛、虚劳咳嗽、小便频数、睡眠不佳等。此粥能够有效帮助睡眠，除烦解燥，养神益智。

鸡蛋萝卜小米粥

●材料　小米100克，鸡蛋1个，胡萝卜20克

●调料　盐3克，芝麻油、胡椒粉、葱花少许

●做法

①小米洗净；胡萝卜洗净后切丁；鸡蛋煮熟后切碎。②锅置火上，注入清水，放入小米、胡萝卜煮至八成熟。③下鸡蛋煮至米粒开花，加盐、芝麻油、胡椒粉，撒葱花便可。

营养功效

鸡蛋含有高质量的蛋白质，而且富含多种维生素和氨基酸，是一种有益气安神作用的补品；小米有助睡眠。此粥能够改善睡眠不佳的症状。

莲子糯米蜂蜜粥

●材料 糯米100克，莲子30克，枸杞5克

●调料 蜂蜜少许

●做法

①糯米、枸杞、莲子洗净，用清水浸泡1小时。②锅置火上，放入糯米、莲子、枸杞，加适量清水熬煮至米烂莲子熟。③再放入蜂蜜调匀便可。

营养功效

莲子能维持神经传导性，镇静神经，有养心安神的功效。此粥适合中老年人，尤其是脑力劳动者和长期睡眠不好的人经常食用，可帮助其规律作息，安然入梦。

莲子百合糯米粥

●材料 莲子、百合、胡萝卜各15克，糯米100克

●调料 盐3克

●做法

①糯米洗净；百合洗净；莲子泡发洗净；胡萝卜洗净，切丁。②锅置火上，注入清水，放入糯米，用大火煮至米粒开花。③放入百合、莲子、胡萝卜，改用小火煮至粥成，加入盐调味即可。

营养功效

糯米具有温补脾胃、益气养阴、固表敛汗等食疗作用，能够缓解气虚所导致的盗汗、难以入眠等症状；莲子有养心安神的功效。此粥有利于解忧除烦，帮助睡眠。

苹果萝卜牛奶粥

● 材料 苹果、胡萝卜各25克，牛奶100克，大米100克

● 调料 白糖5克，葱花少许

● 做法

①胡萝卜、苹果洗净切小块；大米淘洗干净。②锅置火上，注入清水，放入大米煮至八成熟。③放入胡萝卜、苹果煮至粥将成，倒入牛奶稍煮，加白糖调匀，撒葱花便可。

营养功效

苹果含有糖类、有机酸、果胶、蛋白质、钙、铬、磷、铁、钾、锌和维生素等，有安眠养神的作用。此粥营养丰富，能够促进睡眠，使失眠的人更好地入睡。

温馨提示Tips
冠心病、心肌梗死、糖尿病患者不宜多食此粥。

鸡心红枣粥

● 材料 鸡心100克，红枣50克，大米80克

● 调料 葱花3克，姜末、盐、卤汁适量

● 做法

①鸡心洗净，放入烧沸的卤汁中卤熟后，捞出切片；大米淘净；红枣洗净，去核。②锅中注水，下入大米煮沸，下入鸡心、红枣、姜末转中火熬煮至熟。③调入盐调味，撒入葱花即可。

营养功效

鸡心能补充营养和助眠；红枣含有多种维生素，有补中益气、养血安神的功效。此粥有利于安神养气，提高睡眠质量。

温馨提示Tips
小儿、成人痰多者和大便秘结者应忌食此粥。

痛经

痛经是妇科常见病之一，系指经期前后或行经期间，出现下腹部痉挛性疼痛，并伴有全身不适症状，严重影响日常生活的病症。分原发性和继发性两种。经过详细妇科临床检查未发现盆腔器官有明显异常者，称原发性痛经，也称功能性痛经。继发性痛经则指生殖器官有明显病变者。

症状表现：主要表现就是经期疼痛。通常包括经期的腰痛、腹痛、背痛、头痛、呕吐、腹泻等。有些还伴有全身症状：乳房胀痛、肛门坠胀、胸闷烦躁、悲伤易怒、心惊失眠、头痛头晕、恶心呕吐、胃痛腹泻、倦怠乏力、面色苍白、四肢冰凉、冷汗淋漓、虚脱昏厥等。

饮食原则：经期应该多吃热食，多喝热粥，有利于身体循环系统的畅通，还有助于腹部和肠胃的保暖，避免受寒加剧疼痛。而且粥类属于清淡食物，不存在刺激性也不会不易消化。所以经期可常喝粥，最好还是具有活血化瘀、益气调经一类作用的粥，比如益母草大米粥加些许红糖等。

重点推荐的食材有：红豆、黑豆、小米、莲子、鸡蛋、牛奶、红糖、姜、红枣、海带、木耳、西红柿、石榴等。

玉米红豆薏米粥

● **材料** 薏米40克，大米60克，玉米粒、红豆各30克

● **调料** 盐2克

● **做法**

①大米、薏米、红豆均泡发洗净；玉米粒洗净。②锅置火上，倒入适量清水，放入大米、薏米、红豆，以大火煮至开花。③加入玉米粒煮至浓稠状，调入盐拌匀即可。

营养功效

玉米有宁心活血、调理中气、减轻痛经作用；红豆有补血、促进血液循环、强化体力的功效。此粥能够减轻女性痛经的症状。

阿胶枸杞小米粥

● **材料** 阿胶适量，枸杞10克，小米100克

● **调料** 盐2克

● **做法**

①小米泡发洗净；阿胶打碎，置于锅中烊化待用；枸杞洗净。②锅置火上，加入适量清水，放入小米，以大火煮开，再倒入枸杞和已经烊化的阿胶。③不停地搅动，以小火煮至粥呈浓稠状，调入盐拌匀即可。

营养功效

阿胶是常用的补血良药，具有滋阴润燥、补血止血、安胎的功效，可用于治疗眩晕、心悸失眠、痛经等病症；枸杞有助于经期滋补。此粥可以减轻经期的剧烈疼痛。

温馨提示Tips

消化能力弱的人不宜食用阿胶。

山药黑豆粥

● **材料** 大米60克，山药、黑豆、玉米粒各适量，薏米30克

● **调料** 盐2克，葱8克

● **做法**

①大米、薏米、黑豆均泡发洗净；山药、玉米粒均洗净，再将山药洗净去皮，切成小丁；葱洗净，切花。②锅置火上，倒入清水，放入大米、薏米、黑豆、玉米粒，以大火煮至开花。③加入山药丁煮至浓稠状，调入盐拌匀，撒上葱花即可。

营养功效

黑豆有调中下气、活血解毒等功效；山药含有皂苷、黏液质，有滋润补养的作用。此粥可以减少女性经期痛经的症状，能益气养阴。

温馨提示Tips

妊娠期妇女最好不要食用薏米。

桃仁红枣红糖粥

●材料 大米80克，核桃仁、红枣各30克

●调料 红糖3克，葱花2克

●做法

①大米洗净，置于冷水中泡发半小时后捞出沥干水分；红枣洗净，去核，切片；核桃仁洗净。②锅置火上，倒入清水，放入大米以大火煮开。③加入核桃仁、红枣同煮至浓稠状，调入红糖拌匀，撒上葱花即可。

营养功效

核桃仁是润血脉的营养品，含有大量的维生素；红枣滋阴功效较强，能够在经期辅助子宫废物排出，以及减缓疼痛。此粥能够活血化瘀、祛寒，避免痛经。

红枣红糖菊花粥

●材料 大米100克，红枣30克，菊花瓣少许

●调料 红糖5克

●做法

①大米淘洗干净，用清水浸泡；菊花瓣洗净备用；红枣洗净，去核备用。②锅置火上，放入大米、红枣，加适量清水煮至九成熟。③最后放入菊花瓣煮至米粒开花，粥浓稠时，加红糖调匀便可。

营养功效

菊花具有解毒的功效，常用于治疗疼痛、眩晕等病症；红糖有温经补气、提供气血的作用。经期女性食用此粥可以有效地减轻经期所致的气寒、痛经等症状。

首乌小米粥

●材料 小米80克，何首乌5克，鸡蛋1个

●调料 白糖5克，葱花少许

●做法

①小米洗净，放入清水中浸泡；鸡蛋煮熟后切碎。②锅置火上，放入清水，入何首乌煎汁。③锅置火上，注入清水、何首乌汁，放入小米煮至米烂，放入鸡蛋，加白糖调匀，撒上葱花即可。

营养功效

首乌是一种滋补佳品，主要在治血虚、头晕、头痛等方面具备一定疗效；小米对脾胃虚寒、体虚或失眠者有益，还能缓解疼痛。此粥能帮助痛经女性滋补和缓痛。

生姜红枣粥

●材料 生姜10克，红枣30克，大米100克

●调料 盐2克，葱8克

●做法

①大米泡发洗净，捞出备用；生姜去皮，洗净，切丝；红枣洗净，去核，切成小块；葱洗净，切花。②锅置火上，加入适量清水，放入大米，以大火煮至米粒开花。③再加入生姜、红枣同煮至浓稠，调入盐拌匀，撒上葱花即可。

营养功效

对于宫寒引发的痛经症状，生姜有活气暖宫作用，可帮助减轻疼痛；红枣补血滋阴。此粥适合长期受痛经困扰的女性食用。

双菌姜丝粥

● 材料　茶树菇、金针菇各15克，大米100克

● 调料　盐2克，味精1克，芝麻油适量，葱花、姜丝各少许

● 做法

①茶树菇、金针菇泡发洗净；大米淘洗干净。②锅置火上，注入水后，放入大米用旺火煮至米粒完全绽开。③放入茶树菇、金针菇、姜丝，用小火煮至粥成，加入盐、味精、芝麻油调味，撒上葱花即可。

营养功效

茶树菇有助于缓解腹部不适，在女性月经期间能够补气和调节不良情绪；金针菇能促进体内新陈代谢。痛经女性食用此粥能够活血、减少疼痛。

枸杞茉莉花粥

● 材料　枸杞、茉莉花各适量，大米80克

● 调料　盐2克

● 做法

①大米洗净，浸泡半小时后捞出沥干水分；茉莉花、枸杞均洗净。②锅置火上，倒入清水，放入大米，以大火煮开。③加入枸杞同煮片刻，再以小火煮至浓稠状，撒上茉莉花，调入盐拌匀即可。

营养功效

枸杞是一种具有滋补作用的保健品，对于经期女性可以缓解失眠、疼痛症状；茉莉花中含有的香气成分具有止痛效果。此粥可以帮助缓解经痛症状。

白菜鸡蛋大米粥

● 材料　大米100克，白菜30克，鸡蛋1个

● 调料　盐3克，芝麻油、葱花适量

● 做法

①大米淘洗干净，放入清水中浸泡；白菜洗净切丝；鸡蛋煮熟后切碎。②锅置火上，注入清水，放入大米煮至粥将成。③放入白菜、鸡蛋煮至粥黏稠时，加盐、芝麻油调匀，撒上葱花即可。

营养功效

鸡蛋中含有多种营养物质，其中铁的含量尤其丰富，能补充失血时流失的铁；白菜能缓解精神紧张，帮助保持平静的心态。此粥能有效减缓痛经症状。

鱼肉鸡蛋粥

● 材料　鲜草鱼肉50克，鸡蛋清适量，胡萝卜丁少许，大米100克

● 调料　盐3克，料酒、葱花、芝麻油、胡椒粉各适量

● 做法

①大米淘洗干净；草鱼肉收拾干净切块，用料酒腌渍去腥。②锅置火上，注入清水，放入大米煮至五成熟。③放入鱼肉、胡萝卜丁煮至粥将成，将火调小，倒入鸡蛋清打散，稍煮后加盐、芝麻油、胡椒粉调匀，撒上葱花便可。

营养功效

草鱼含有丰富的不饱和脂肪酸，对血液循环有利，能温中补虚；大米有补中益气功效。常食此粥能够帮助痛经女性益气调经，缓轻痛症。

便秘

便秘并不是一种疾病，而是临床常见的复杂症状。通常以排便频率减少为主，一般每2～3天或更长时间排便一次即为便秘。引起便秘的原因有肠道病变、全身性病变和神经系统病变，其中肠激综合征是很常见的便秘原因。

症状表现：便秘有排便次数减少、粪便量减少、粪便干结、排便费力等表现。

饮食原则：便秘时应该多吃含膳食纤维比较多的食物，可以润滑通便，促进消化液分泌，比如可以吃麦片，还可多吃些芝麻、核桃仁、杏仁等含油脂较多的食物。其次，便秘时适宜多喝粥，因为喝粥能够在满足人体营养需求的情况下减轻胃肠道的负担，促进能量等营养物质的消化以及吸收；稀饭中还含有大量的水分，便秘者多喝粥，除了能果腹止饥之外，还能为身体补充水分。

重点推荐的食材有：糙米、燕麦、糯米、核桃、西芹、韭菜、土豆、胡萝卜、菠菜、芦笋、茄子、黄豆等。

樱桃麦片大米粥

●**材料** 樱桃适量，燕麦片60克，大米30克

●**调料** 白糖12克

●**做法**

①燕麦片、大米泡发洗净；樱桃洗净。②锅置火上，注入清水，放入燕麦片、大米，用大火煮至熟烂。③用小火放入樱桃煮至粥成，加入白糖调味即可食用。

营养功效

樱桃有调中、益脾胃的功效，同时它还能对脾虚腹泻、便秘等症有治疗作用；麦片含丰富的可溶性纤维，能促进消化。此粥是便秘者的极佳选择。

糯米银耳粥

●材料 糯米80克，银耳50克，玉米10克

●调料 白糖5克，葱少许

●做法

①银耳泡发洗净；糯米洗净，玉米洗净；葱洗净，切花。②锅置火上，注入清水，放入糯米煮至米粒开花后，放入银耳、玉米。③用小火煮至粥呈浓稠状时，调入白糖入味，撒上葱花即可。

营养功效

银耳中含有的膳食纤维可助胃肠蠕动，加速脂肪的分解，能够缓解便秘症状；糯米可益气、补脾肺、利小便、促消化。此粥适合便秘者食用，可润肠通便。

山药荔枝糯米粥

●材料 荔枝、山药、莲子各20克，糯米100克

●调料 冰糖5克，葱花少许

●做法

①糯米、莲子洗净，用清水浸泡；荔枝去壳洗净；山药去皮洗净，切小块后焯水捞出。②锅置火上，注入清水，放入糯米、莲子煮至八成熟。③放入荔枝、山药煮至粥将成，放入冰糖调匀，撒上葱花便可食用。

营养功效

荔枝含有丰富的糖分、蛋白质、多种维生素，可促进消化和血液循环。山药内含淀粉酶消化素，有润肠、减肥轻身的作用。此粥可以帮助便秘者缓解便秘症状。

虾米圆白菜粥

●材料 大米100克，圆白菜、小虾米各20克

●调料 盐3克，味精2克，姜丝、胡椒粉各适量

●做法

①大米洗净，放入清水中浸泡；圆白菜洗净切细丝；小虾米洗净。②锅置火上，注入清水，放入大米，煮至五成熟。③放入小虾米、姜丝煮至粥将成，放入圆白菜稍煮，加盐、味精、胡椒粉调匀即成。

营养功效

虾米营养丰富；圆白菜含有蛋白质、脂肪、膳食纤维、维生素A等成分，可增进食欲、促进消化、预防便秘。此粥可缓解便秘的症状。

松仁核桃粥

●材料 松子仁20克，核桃仁30克，大米80克

●调料 盐2克

●做法

①大米泡发洗净；松子仁、核桃仁均洗净。②锅置火上，倒入清水，放入大米煮至米粒开花。③加入松子仁、核桃仁同煮至浓稠状，调入盐拌匀即可。

营养功效

松仁具有润燥滑肠之功效，可食疗口渴、便秘；核桃含有大量维生素，可帮助润肠道。食用此粥可缓解便秘的症状。

核桃红枣木耳粥

● 材料　核桃仁、红枣、水发黑木耳各适量，大米80克

● 调料　白糖4克

● 做法

①大米泡发洗净；木耳泡发，洗净，切丝；红枣洗净，去核，切成小块；核桃仁洗净。②锅置火上，倒入清水，放入大米煮至米粒开花。③加入木耳、红枣、核桃仁同煮至浓稠状，调入白糖拌匀即可。

营养功效

木耳中含有丰富的维生素和无机盐，具备润肠益气的功效；红枣有补脾和胃、解毒排毒等功效。此粥适量食用有利于体内排毒，并且能够减轻便秘症状。

菠菜玉米枸杞粥

● 材料　菠菜、玉米粒、枸杞各15克，大米100克

● 调料　盐3克，味精1克

● 做法

①大米泡发洗净；枸杞、玉米粒洗净；菠菜择去根，洗净，切成碎末。②锅置火上，注入清水后，放入大米、玉米、枸杞用大火煮至米粒开花。③再放入菠菜，用小火煮至粥成，调入盐、味精入味即可。

营养功效

菠菜能滋阴润燥、通利肠胃，对肠胃失调、肠燥便秘有一定疗效；玉米能够促进肠胃蠕动。此粥能够促进消化，改善便秘。

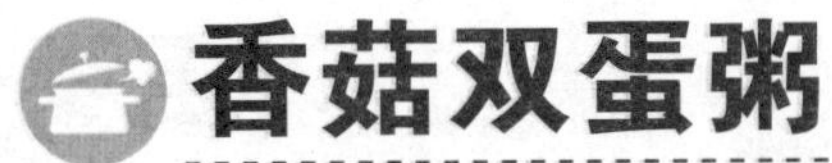

香菇双蛋粥

●材料　香菇、虾米少许，皮蛋、鸡蛋各1个，大米100克

●调料　盐3克，葱花、胡椒粉适量

●做法

①大米淘洗干净，用清水浸泡半小时；鸡蛋煮熟后切丁；皮蛋去壳，洗净切丁；香菇择洗干净，切末；虾米洗净。②锅置火上，注入清水，放入大米煮至五成熟。③放入皮蛋、鸡蛋、香菇末、虾米煮至米粒开花，加入盐、胡椒粉调匀，撒上葱花即可。

营养功效

香菇属于性平、味甘食物，富含维生素，有润滑肠道和缓解便秘作用；皮蛋能够降火和缓解便秘。此粥适合大便干燥和便秘者食用。

萝卜姜糖粥

●材料　白萝卜、生姜各适量，大米80克

●调料　红糖7克

●做法

①生姜洗净，切丝；白萝卜洗净，切块；大米洗净泡发。②锅置火上，注水后，放入大米、白萝卜，用旺火煮至米粒绽开。③再放入生姜，改用小火煮至粥成，调入红糖煮至入味即可。

营养功效

白萝卜含纤维素和维生素较多，有促进肠道消化的作用；大米有助于完全消化和吸收，对消除便秘起一定作用。故便秘者食用此粥可以改善症状。

小白菜萝卜粥

● 材料　小白菜30克，胡萝卜少许，大米100克

● 调料　盐3克，味精少许，芝麻油适量

● 做法

①小白菜洗净，切丝；胡萝卜洗净，切小块；大米泡发洗净。②锅置火上，注水后，放入大米，用大火煮至米粒绽开。③放入胡萝卜、小白菜，用小火煮至粥熟，放入盐、味精，滴入芝麻油即可食用。

营养功效

小白菜中所含的矿物质能够加速人体的新陈代谢和促进消化；胡萝卜能够治疗消化不良和增强消化能力。此粥适宜在便秘时多喝。

温馨提示 Tips

脾胃虚寒者不宜多食此粥。

绿茶乌梅粥

● 材料　大米100克，绿茶10克，乌梅肉35克，油菜100克

● 调料　盐3克，生姜15克，红糖2克

● 做法

①大米泡发，洗净后捞出；生姜去皮，洗净，切丝，与绿茶一同加水煮，取汁待用；油菜洗净，切碎。②锅置火上，加入适量清水，倒入姜茶汁，放入大米，大火煮开。③再加入乌梅肉同煮至浓稠，放入油菜煮片刻，调入盐、红糖拌匀即可。

营养功效

绿茶有清肠道、润肠胃的功效，能促进消化和吸收；乌梅肉有消毒功能，同时也能消除便秘。此粥能够帮助便秘者调理肠胃，促进消化、吸收。

温馨提示 Tips

煮姜茶汁时要把握好火候。

腹泻

腹泻是指排便次数明显超过平日习惯的频率，粪质稀薄，水分增加，每日排便量超过200克，或含未消化食物或脓血、黏液的病症。形成腹泻的原因大多数是消化不良，饮食无节制、无规律，又或者是肠道疾病、季节因素或者食物中毒等。

症状表现：大便次数明显增多；粪便变稀，形态、颜色、气味改变，含有脓血、黏液、不消化食物、脂肪，或变为黄色稀水，绿色稀糊，气味酸臭；大便时有腹痛、下坠、里急后重、肛门灼痛等症状。

饮食原则：腹泻时要多补充B族维生素以及维生素C，以保证补充足够的蛋白质和能量；腹泻患者还可以通过喝粥来缓解症状，因为肠道经过腹泻以后会变得脆弱，这时不宜多吃油腻食物或大鱼大肉，而多喝粥则有助于收敛止泻，还能够补充一些因腹泻而流失的营养，辅助和治疗腹泻。

重点推荐的食材有：黄豆、糯米、扁豆、蚕豆、苹果、栗子、花椒、胡椒、乌骨鸡等。

温馨提示

苹果富含糖类，患糖尿病的人不宜多食此粥。

香甜苹果粥

●材料 大米100克，苹果30克，玉米粒20克

●调料 冰糖5克，葱花少许

●做法

①大米淘洗干净，用清水浸泡；苹果洗净后切块；玉米粒洗净。②锅置火上，放入大米，加适量清水煮至八成熟。③放入苹果、玉米粒煮至米烂，放入冰糖熬融调匀，撒上葱花便可。

营养功效

苹果的营养价值和医疗价值都很高，含有维生素A、B族维生素、维生素C和纤维，有促进肠胃消化的功效。腹泻者食用此粥有助于补充维生素和调理肠道。

糯米猪肚粥

●材料 糯米100克，猪肚80克，南瓜50克

●调料 盐、料酒各少许，葱花、姜末各适量

●做法

①南瓜洗净，去皮，切块；糯米淘净，泡3小时；猪肚洗净，切条，用盐、料酒腌渍。②糯米入锅，加水，旺火烧沸，下入猪肚、姜末、南瓜，转中火熬煮。③转小火，待粥黏稠时，加盐调味，撒上葱花即可。

营养功效

猪肚富含蛋白质和维生素等，具有健脾胃的功效，对脾虚腹泻有食疗效果；糯米是益气、健脾和胃的佳品。故此粥能够改善腹泻症状。

温馨提示 Tips

猪肚可用盐、面粉等反复揉搓，以去掉异味。

黄花菜瘦肉糯米粥

●材料 干黄花菜50克，猪肉100克，紫菜30克，糯米80克

●调料 盐3克，葱花6克

●做法

①干黄花菜用温水泡发，切小段；紫菜泡发，洗净，撕碎；猪肉洗净，切末；糯米淘净，泡3小时。②锅中注水，下入糯米，大火烧开，下入猪肉、干黄花菜煮至猪肉变熟。③小火将粥熬好，最后下入紫菜，再煮5分钟后，调入盐调味，撒上葱花即可。

营养功效

黄花菜含有丰富的膳食纤维，能促进大便的排泄；瘦肉能够补充蛋白质，有助于腹泻后肠道的恢复。此粥是腹泻后建议食用的食疗粥品之一。

温馨提示 Tips

有支气管哮喘的患者当忌食黄花菜。

萝卜猪肚粥

● 材料　猪肚100克，白萝卜110克，大米80克

● 调料　葱花、姜末、盐各适量

● 做法

①白萝卜洗净，去皮，切块；大米淘净；猪肚洗净，切条，用盐腌渍。②锅中注水，放入大米，旺火烧沸，下入腌好的猪肚、姜末，转中火熬煮。③下入白萝卜，慢熬成粥，再加盐调味，撒上葱花即可。

营养功效

萝卜有助肠道消化；猪肚营养成分为蛋白质、碳水化合物、维生素等，可辅助治疗脾虚腹泻。此粥对于腹泻有一定的食疗作用。

猪腰枸杞大米粥

● 材料　猪腰80克，枸杞10克，白茅根15克，大米120克

● 调料　盐3克，鸡精2克，葱花5克

● 做法

①猪腰洗净，去腰臊，切花刀；白茅根洗净，切段；枸杞洗净；大米淘净，泡好。②大米放入锅中，加水，旺火煮沸，下入白茅根、枸杞，中火熬煮。③等米粒开花，放入猪腰，转小火，待猪腰变熟，加盐、鸡精调味，撒上葱花即可。

营养功效

猪腰有健肾理气、助消化之功效；大米能够健脾和胃，所以适用于腹痛、腹泻、虚劳损伤者。此粥品有利于缓解腹泻症状。

山药枣荔粥

● 材料 山药、荔枝各30克，红枣10克，大米100克

● 调料 冰糖5克，葱花少许

● 做法

①大米淘洗干净，用清水浸泡；荔枝去壳洗净；山药去皮，洗净切小块，汆水后捞出；红枣洗净，去核备用。②锅置火上，注入清水，放入大米煮至八成熟。③放入荔枝、山药、红枣煮至米烂，放入冰糖熬融后调匀，撒上葱花便可。

营养功效

山药具有补脾养胃、生津益肺等功效，可用于久泻不止、尿频、虚热消渴等常见病症的食疗。食用此粥可有效改善腹泻的症状。

枸杞莲子乌鸡粥

● 材料 乌鸡肉150克，大米100克，莲子30克，枸杞10克

● 调料 盐3克，味精1克

● 做法

①大米淘净，浸泡半小时；莲子泡发，除去莲心；枸杞洗净；乌鸡肉洗净，切块。②锅中注水，下入大米、莲子、枸杞，用旺火烧沸，再放入乌鸡肉转中火熬煮至米粒开花。③改小火，慢熬成粥，调入盐、味精调味即可。

营养功效

莲子能帮助机体进行代谢，促进消化；乌鸡有补脾益肾、养心安神、涩肠止泻、抗衰老的功效。此粥能够辅助和治疗腹泻。

消化性溃疡

主要发生在胃、十二指肠的慢性溃疡称之为消化性溃疡。因为溃疡的成因与胃酸和胃蛋白酶的消化作用有关，所以就叫做消化性溃疡。十二指肠溃疡较胃溃疡多见，以青壮年多发，男多于女，儿童亦可发病，老年患者所占比例亦逐年有所增加。

症状表现： 消化性溃疡一般都会伴随着反酸、嗳气、恶心、呕吐等症状，严重者甚至可能出现进食困难、贫血。

饮食原则： 消化性溃疡患者应该选择营养价值高、细软、易消化的食物，如牛奶、鸡蛋、豆浆、鱼肉等；在溃疡愈合期则要多吃一些高热量和高蛋白质的食物，不能进食过硬和难消化的食物，坚持少吃多餐的原则。忌吃生冷以及性寒的食物，忌吃辛辣和酸性食物。消化性溃疡患者尤其要多喝补脾护胃的粥，因为粥能够改善消化不良症状，并且可以保护胃肠黏膜，还能够消食通便、补气健脾。

重点推荐的食材有： 大米、糯米、大麦、小米、茼蒿、豆腐、西红柿、红枣、西蓝花等。

麦仁糯米桂圆粥

● **材料** 麦仁、糯米各40克，桂圆肉、红枣各15克，大白菜适量

● **调料** 白糖3克

● **做法**

①麦仁、糯米均泡发洗净；桂圆肉洗净；红枣洗净，去核，切成小块；大白菜洗净，切成细丝。②锅置火上，加入适量清水，放入糯米、麦仁煮开。③加入桂圆、红枣同煮至浓稠状，再撒上大白菜丝，调入白糖拌匀即可。

营养功效

麦仁富含纤维，能够帮助肠道蠕动和消化；桂圆含有丰富的维生素，对消化性溃疡调养有辅助疗效。此粥能够补脾护胃，缓解消化性溃疡的症状。

豆腐杏仁花生粥

● 材料　豆腐、南杏仁、花生仁各20克，大米110克

● 调料　盐2克，味精、葱花各1克

● 做法

①南杏仁、花生仁洗净；豆腐洗净，切小块；大米洗净，泡发半小时。②锅置火上，注水后，放入大米用大火煮至米粒开花。③放入南杏仁、豆腐、花生仁，改用小火煮至粥浓稠时，调入盐、味精，撒入葱花即可。

营养功效

杏仁具备滋补、和中、缓急的功效，能帮助消化；花生中富含碳水化合物，有健脾胃、促消化的功效。此粥有助于消化性溃疡患者的消化，以及补脾护胃。

豆腐山药粥

● 材料　大米90克，山药、豆腐各40克

● 调料　盐2克，葱少许

● 做法

①山药去皮洗净，切块；豆腐洗净，切块；葱洗净，切花。②锅置火上，注入水后，放入洗净的大米用旺火煮至米粒开花。③放入山药、豆腐，改用小火煮至粥成，放入盐入味，撒上葱花。

营养功效

豆腐含有脂肪、碳水化合物、维生素等，可促进消化，在补养、调理上有重要疗效；山药补脾益胃。此粥细软，容易消化，十分适宜患有消化性溃疡的人食用。

木耳枣杞粥

●材料 黑木耳、红枣、枸杞各15克，糯米80克

●调料 盐2克，葱少许

●做法

①糯米洗净；黑木耳泡发洗净，切成细丝；红枣去核洗净，切块；枸杞洗净；葱洗净，切花。②锅置火上，注入清水，放入糯米煮至米粒绽开，放入黑木耳、红枣、枸杞。③用小火煮至粥成时，调入盐入味，撒上葱花即可。

营养功效

红枣有补脾益胃之效；木耳富含维生素，能和血养颜，滋阴润燥。此粥有益于消化性溃疡者的康复和痊愈。

雪里蕻红枣粥

●材料 雪里蕻10克，干红枣30克，糯米100克

●调料 白糖5克

●做法

①糯米淘洗干净，放入清水中浸泡；干红枣泡发后洗净；雪里蕻洗净后切丝。②锅置火上，放入糯米，加适量清水煮至五成熟。③放入红枣煮至米粒开花，放入雪里蕻、白糖稍煮，调匀后即可。

营养功效

雪里蕻含有大量的维生素C，有解毒之功，能抗感染和促进胃肠消化功能；红枣富含维生素。此粥用来帮助治疗消化性溃疡颇有成效。

鸡肉红枣粥

●材料　大米80克，香菇70克，红枣50克，鸡肉120克

●调料　姜末5克，盐3克，葱花适量

●做法

①鸡肉洗净，切丁；大米淘净，泡好；红枣洗净，去核，对切；香菇用水泡发，洗净，切片。②锅中加适量清水，下入大米大火烧沸，再下入鸡丁、红枣、香菇、姜末，转中火熬煮。③改小火将粥焖煮好，加盐调味，撒上葱花即可。

营养功效

鸡肉极易被人体吸收消化；红枣补气养血，对于处于消化性溃疡愈合期的病人具有一定的食疗效果。此粥有助消化性溃疡的治疗。

香菇鹅肉糯米粥

●材料　香菇100克，鹅肉200克，火腿60克，糯米80克

●调料　盐3克，葱花适量

●做法

①糯米淘净，浸泡半小时；火腿去皮，切片；香菇洗净，泡发，切成片；鹅肉洗净，切块，入锅炖好。②锅中注水，下入糯米大火煮沸，放入香菇，转中火熬煮至米粒软散。③下入鹅肉、火腿，改小火，待粥熬出香味，加入盐调味，撒入葱花即可。

营养功效

香菇有促进消化吸收作用；鹅肉具有利五脏之功效，常用于辅助治疗脾胃病以及消化性溃疡。此粥能够改善消化性溃疡的病症。

口腔溃疡

口腔溃疡是发生在口腔黏膜上的表浅性溃疡，大小可从米粒至黄豆大小，呈圆形或卵圆形，溃疡面为凹形，周围充血。局部创伤、精神紧张、食物、药物、激素水平改变及维生素或微量元素缺乏均可能导致该症。

症状表现： 口腔的唇、颊、软腭或齿龈等处的黏膜多见发生单个或者多个大小不等的圆形或椭圆形溃疡，表面覆盖灰白或黄色假膜，中央凹陷，边界清楚，周围黏膜红而微肿，溃疡局部灼痛明显。

饮食原则： 口腔溃疡患者在平时要注意保证摄入优质蛋白质，因为优质蛋白质是修复口腔溃疡创面所必需的营养素；忌食辛辣刺激的食物、多渣的水果，比如要忌食榨菜、大蒜和芥末等；还应多喝清淡的、能够清热解毒的粥类，例如芝麻牛奶粥、小米粥等杂粮粥，对口腔溃疡和口角生疮都有一定的食疗作用。

重点推荐的食材有： 小米、绿豆、芝麻、核桃、白扁豆、燕麦、绿豆芽、鸡蛋、猕猴桃、茄子、小白菜、西芹等等。

温馨提示Tips

此粥用蜂蜜调味，与牛奶搭配，营养更好。

芝麻牛奶粥

●**材料** 熟黑芝麻、纯牛奶各适量，大米80克

●**调料** 白糖3克

●**做法**

①大米泡发洗净。②锅置火上，倒入清水，放入大米，煮至米粒开花。③注入牛奶，加入熟黑芝麻同煮至浓稠状，调入白糖拌匀即可。

营养功效

牛奶中存在多种免疫球蛋白，能增加人体免疫力、抗病能力，促进口腔溃疡康复；芝麻营养价值高，富含维生素。此粥能够有效修复口腔溃疡创伤面。

鸡蛋红枣醪糟粥

● 材料　醪糟、大米各20克，鸡蛋1个，红枣5颗

● 调料　白糖5克

● 做法

①大米洗净；鸡蛋煮熟切碎；红枣洗净。②锅置火上，注入清水，放入大米、醪糟煮至七成熟。③放入红枣，煮至米粒开花；放入鸡蛋，加白糖调匀即可。

营养功效

醪糟富含多种人体不可缺少的营养成分，有助于口腔溃疡的康复；鸡蛋含有丰富的蛋白质和营养成分，能愈合创伤。此粥有促进口腔溃疡康复的食疗作用。

温馨提示 Tips

孕产妇最好不要食用此粥。

鸡蛋生菜粥

● 材料　鸡蛋1个，生菜10克，玉米粒20克，大米80克

● 调料　盐2克，鸡汤100克，葱花、芝麻油少许

● 做法

①大米洗净，用清水浸泡；玉米粒洗净；生菜叶洗净，切丝；鸡蛋煮熟后切碎。②锅置火上，注入清水，放入大米、玉米煮至八成熟。③倒入鸡汤稍煮，放入鸡蛋、生菜，加盐、芝麻油调匀，撒上葱花即可。

营养功效

生菜对胃炎、口腔溃疡等有食疗作用；鸡蛋有清热、解毒、消炎、保护黏膜的作用。此粥有益于口腔溃疡的治疗。

温馨提示 Tips

生菜出锅前加入，和粥搅拌之后即可食用。

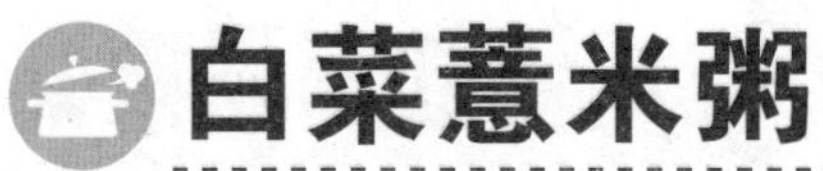

●材料　大米、薏米各40克，芹菜、白菜各适量

●调料　盐2克

●做法

①大米、薏米均泡发洗净；芹菜、白菜均洗净，切碎。②锅置火上，倒入清水，放入大米、薏米煮至开花。③待煮至浓稠状时，加入芹菜、白菜稍煮，调入盐拌匀即可。

营养功效

白菜中含蛋白质、脂肪、粗纤维、钙、锌等，对溃疡有食疗作用；薏米含维生素，有助祛湿、抗菌。此粥适合口腔溃疡患者食用。

萝卜圆白菜酸奶粥

●材料　胡萝卜、圆白菜各适量，酸奶10克，面粉20克，大米70克

●调料　盐3克

●做法

①大米泡发洗净；胡萝卜去皮洗净，切小块；圆白菜洗净，切丝。②锅置火上，注入清水，放入大米，用大火煮至米粒绽开后，下入面粉不停搅匀。③再放入圆白菜、胡萝卜，调入酸奶，改用小火煮至粥成，加盐调味即可食用。

营养功效

胡萝卜具有清热解毒、降气止咳的功效；圆白菜具有清热止痛、增强食欲、促进消化的功效。此粥能防治口腔溃疡，常食有益。

山药薏米白菜粥

● 材料　山药、薏米各20克，白菜30克，大米70克，枸杞适量

● 调料　盐2克

● 做法

①大米、薏米均泡发洗净；山药洗净，去皮切块；白菜洗净，切丝。②锅置火上，倒入清水，放入大米、薏米、山药，以大火煮开。③加入白菜、枸杞煮至浓稠状，调入盐拌匀即可。

营养功效

山药含有丰富的蛋白质以及淀粉等营养成分，对于口腔疾病的调理颇有疗效；白菜能清热解毒，助于溃疡康复。此粥适合预防口腔溃疡。

温馨提示 Tips

有实邪者忌食山药。

红豆核桃粥

● 材料　红豆30克，核桃仁20克，大米70克

● 调料　白糖3克，葱花2克

● 做法

①大米、红豆均泡发洗净；核桃仁洗净。②锅置火上，倒入清水，放入大米、红豆同煮至开花。③加入核桃仁煮至浓稠状，调入白糖拌匀，撒上葱花即可。

营养功效

经常摄入红豆能够达到强化体力、增强抵抗力、抗疾病的效果；核桃含丰富的蛋白质，可有效帮助创伤愈合。此粥有助于消除口腔溃疡，使病人恢复健康。

温馨提示 Tips

红豆利尿，故尿频的人应注意少吃或者忌吃。

慢性胃炎

慢性胃炎，是指胃黏膜上皮遭受反复损害后，由于黏膜特异的再生能力，以致黏膜发生改变，引起胃黏膜的慢性炎症或萎缩性病变，最终导致不可逆的固有胃腺体的萎缩，甚至消失。

症状表现：上腹疼痛、上腹胀、早饱、嗳气、恶心等消化不良症状。自身免疫性胃炎患者还可伴有贫血的表现。

饮食原则：忌过酸、过辣等刺激性食物及生冷不易消化的食物；进食时要细嚼慢咽，使食物充分与唾液混合，有利于消化和减少胃部的刺激；有规律地进餐，定时定量，可形成条件反射，有助于消化腺的分泌，更利于消化。慢性胃炎患者应该补充膳食纤维，多喝温热、清淡类的粥来保护胃部健康。因为粥入脾胃经，有健脾养胃的功效，对慢性胃炎有一定的食疗作用。

重点推荐的食材有：小米、大麦、莲子、白扁豆、红枣、红豆、冬瓜、胡萝卜、西红柿、黄瓜、土豆、芹菜、菠菜、小白菜和藕等。

莲子桂圆糯米粥

●材料 莲子、桂圆肉各25克，糯米100克

●调料 白糖5克，葱花少许

●做法

①糯米淘洗干净，放入清水中浸泡；莲子、桂圆肉洗净。②锅置火上，注入清水，放入糯米、莲子煮至粥将成。③放入桂圆肉煮至米粒开花后加白糖调匀，撒葱花便可。

营养功效

莲子具有清心醒脾、补脾益胃的功效，对胃病有较好的食疗作用；糯米具有补中益气、止泻、健脾养胃的作用。此粥可以起到很好的保护胃黏膜的作用。

枣参茯苓粥

●材料 红枣、白茯苓、人参各适量，大米100克

●调料 白糖8克

●做法

①大米泡发洗净；人参洗净，切小块；白茯苓洗净；红枣去核洗净，切开。②锅置火上，注入清水后，放入大米，用大火煮至米粒开花，放入人参、白茯苓、红枣同煮。③改用小火煮至粥浓稠可闻见香味时，放入白糖调味，即可食用。

营养功效

茯苓归肝、胃、肾、脾经，具有治疗反复发作的慢性疮疡作用；枣参补气养胃、滋润益气。此粥有利于抑制慢性胃炎的发作。

冬瓜白果姜粥

●材料 冬瓜25克，白果20克，姜末少许，大米100克，高汤半碗

●调料 盐2克，胡椒粉3克，葱少许

●做法

①白果去壳、皮，洗净；冬瓜去皮洗净，切块；大米洗净，泡发；葱洗净，切花。②锅置火上，注入水后，放入大米、白果，用旺火煮至米粒完全开花。③再放入冬瓜、姜末，倒入高汤，改用小火煮至粥成，调入盐、胡椒粉入味，撒上葱花即可。

营养功效

冬瓜性寒，能养胃生津、清降胃火，促使体内淀粉、糖的转化；白果含有丰富的淀粉、粗纤维等，能够护胃。此粥对慢性胃炎疾病具有食疗功效。

红枣薏米粥

●材料　红枣、薏米各20克，大米70克

●调料　白糖3克，葱5克

●做法

①大米、薏米均泡发洗净；红枣洗净，去核，切成小块；葱洗净，切成花。②锅置火上，倒入清水，放入大米、薏米，以大火煮开。③加入红枣煮至浓稠状，撒上葱花，调入白糖拌匀即可。

营养功效

薏米能够健脾胃，是一种缓和的滋补剂，益脾而不滋腻。红枣能够缓和慢性胃炎症状。慢性胃炎者适宜常食此粥。

山药白扁豆粥

●材料　山药、白扁豆各50克，莱菔子、泽泻各10克，大米100克

●调料　盐、葱各适量

●做法

①白扁豆、莱菔子、泽泻均洗净；山药去皮洗净，切块；葱洗净切成葱花；大米洗净。②锅内注水，放入大米、白扁豆、莱菔子、泽泻，用旺火煮至米粒绽开，放入山药。③改用小火煮至粥成闻到香味时，放入盐调味，撒上葱花即可。

营养功效

山药具有补脾养胃的功效；白扁豆具有健脾化湿、和中消暑等功效。此粥具有补脾养胃、益肺补肾的功效，尤其适合慢性胃炎患者食用。

牛奶红枣豌豆粥

●材料　大米100克，牛奶100克，红枣、豌豆适量

●调料　红糖5克

●做法

①大米洗净，用清水浸泡；红枣、豌豆洗净，并将红枣去核。②锅置火上，放入大米、豌豆、红枣，加适量清水煮至粥黏稠。③倒入牛奶稍煮，放入红糖调匀后便可装碗。

营养功效

豌豆含有丰富的维生素C，可以提高人体免疫功能，有和中益气的功效，是慢性胃病患者等的食疗佳品；牛奶可以补充营养，助于消化。此粥能辅治胃炎。

温馨提示Tips

用白糖代替红糖，颜色会更清淡。

莲藕豌豆粥

●材料　老藕20克，豌豆10克，糯米100克

●调料　白糖7克

●做法

①糯米泡发洗净；莲藕刮净外皮，洗净，切片；豌豆洗净。②锅置火上，注水后，放入糯米、豌豆用旺火煮至米粒开花。③再下入藕片，用小火煮至粥成，调入白糖入味即可。

营养功效

莲藕有助消瘀清热、止血健胃，有健脾开胃、滋阴强壮的特点。豌豆富含维生素，可调节肠胃不适症状。此粥能够达到养胃和调理胃病的效果。

温馨提示Tips

加少许现榨的豆浆，此粥营养会更好。

香葱冬瓜粥

●材料 冬瓜40克，大米100克

●调料 盐3克，葱少许

●做法

①冬瓜去皮洗净，切块；葱洗净，切花；大米泡发洗净。②锅置火上，注水后，放入大米，用旺火煮至米粒绽开。③放入冬瓜，改用小火煮至粥浓稠，调入盐入味，撒上葱花即可。

营养功效

冬瓜性寒，能养胃生津、清降胃火，促使体内淀粉、糖转化为热能，而不变成脂肪；大米有健脾和胃的功效。此粥适合胃病患者食用。

西蓝花香菇粥

●材料 西蓝花35克，鲜香菇20克，胡萝卜20克，大米100克

●调料 盐2克，味精1克

●做法

①大米洗净；西蓝花洗净，撕成小朵；胡萝卜洗净，切成小块；香菇泡发洗净，切条。②锅置火上，注入清水，放入大米用大火煮至米粒绽开后，放入西蓝花、胡萝卜、香菇。③改用小火煮至粥成后，加入盐、味精调味，即可食用。

营养功效

西蓝花对胃炎有良好的辅助治疗作用；大米可护胃养胃。此粥对治疗慢性胃炎有辅助作用。

鸭肉菇杞粥

●材料　鸭肉80克，冬菇30克，枸杞10克，大米120克

●调料　生抽、盐、葱花各适量

●做法

①大米淘净泡好；冬菇泡发洗净，切片；枸杞洗净；鸭肉洗净切块，用生抽腌入味。②油锅烧热，放入鸭肉过油盛出；锅加清水，放入大米旺火煮沸，下入冬菇、枸杞，转中火熬煮至米粒开花。③下入鸭肉，将粥熬煮至浓稠，调入盐调味，撒上葱花即可。

营养功效

鸭肉具有养胃生津的功效；香菇性平，味甘，归脾，胃经，具有化痰理气、益胃和中的功效。此粥对食欲不振、慢性胃炎等有食疗作用。

鸭肉枸杞冬瓜粥

●材料　鸭肉150克，枸杞20克，冬瓜70克，大米80克

●调料　鲜汤50克，盐3克，葱花4克

●做法

①鸭肉洗净，切块；冬瓜洗净，去皮，切块；枸杞洗净；大米淘净。②油烧热，入鸭肉过油，盛出；锅中加入鲜汤，放入大米，旺火煮沸，放入枸杞，转中火熬煮。③再下入冬瓜、鸭肉熬煮至粥浓稠，调入盐调味，放入葱花即可。

营养功效

冬瓜性寒，能养胃生津、清降胃火、解热利尿；鸭肉可以养胃护胃。此粥对慢性支气管炎、胃炎等病有一定的辅助治疗作用。

小儿夏季热

小儿夏季热又叫暑热症，一般都是由于婴幼儿的神经系统发育不完善，体温调节功能差，加之发汗功能不健全，以致排汗不畅，散热慢，难以适应夏季的酷热环境，造成发热持久不退所致。

症状表现：主要表现为小儿体温在38℃~40℃之间，持续不断，天气越热，体温越高。患有小儿夏季热的宝宝一般都会出现规律性发热、出汗少、口渴、多饮、食欲减退等症状。

饮食原则：小儿夏季热容易引起体内水分流失，所以补充水分尤为重要。发热容易消耗蛋白质、维生素等物质，而且消化能力也会降低，所以可以食用营养丰富、容易消化、温和的食物；可多喝粥和蔬果汁，尤其可多让宝宝适当进食食疗调养粥，因为粥可清热解暑、生津止渴，适合发热不退、口渴、尿少的病儿。

重点推荐的食材有：粳米、糯米、山豆、红枣、冬瓜、山药、西洋参等。

温馨提示Tips

可将花瓣泡汁直接煮粥。

粳米五花粥

●材料　康仙花、百合花、月季花、红巧梅、菊花各适量，粳米100克

●调料　白糖5克

●做法

①粳米泡发洗干净；康仙花、百合花、月季花、红巧梅、菊花均洗净。②锅置火上，倒入清水，放入粳米，以大火煮至米粒开花。③加入康仙花、百合花、月季花、红巧梅、菊花，煮至浓稠状，调入白糖拌匀即可。

营养功效

粳米含有蛋白质、糖类、钙、葡萄糖、维生素等，有健脾和胃的功效；康仙花、百合花、月季花、红巧梅、菊花促消化。此粥有利于温和脾胃、清热解暑。

双豆麦片粥

●材料　黄豆、青豆各20克，大米、麦片各40克

●调料　白糖3克

●做法

①大米、黄豆、青豆均泡发洗净。②锅置火上，倒入水，放入大米、麦片、黄豆、青豆，以大火煮开。③待煮至浓稠状，调入白糖拌匀即可。

营养功效

大米能够健脾和胃；大麦含蛋白质、膳食纤维、丰富维生素，能保护胃黏膜。此粥可以对小儿夏季热的各种症状有缓解作用。

金樱糯米粥

●材料　糯米80克，金樱子适量

●调料　白糖3克

●做法

①糯米泡发洗净；金樱子洗净，下入锅中，加适量清水煎取浓汁备用。②锅置火上，倒入清水，放入糯米，以大火煮至米粒开花。③加入金樱子浓汁，转小火煮至粥呈浓稠状，调入白糖拌匀即可食用。

营养功效

金樱性平，含鞣质，对金黄色葡萄球菌、大肠杆菌有很高的抑菌作用，能够预防疾病；糯米对改善虚弱症状、养胃气有益。此粥对食欲减退及发热等症状有食疗功效。

党参红枣糯米粥

- **材料** 党参、红枣各20克，糯米100克
- **调料** 葱花少许，白糖5克
- **做法**

①糯米洗净，用清水浸泡；党参、红枣洗净备用。②锅置火上，注入清水，放入糯米、党参、红枣煮至粥成。③加入白糖稍煮后调匀，撒葱花便可。

营养功效

党参具有补中益气、健脾益肺的功效，可用于治疗脾肺虚弱、内热消渴等常见病症；糯米养胃护胃。此粥可用来缓解小儿夏季热病症。

山药麦冬莲子粥

- **材料** 大米60克，薏米30克，山药、麦冬、莲子各适量
- **调料** 冰糖、葱各8克
- **做法**

①大米、薏米均泡发洗净；山药、麦冬、莲子均洗净，山药改刀；葱洗净，切花。②锅置火上，倒入清水，放入大米、薏米煮开，再入山药、麦冬、莲子同煮。③加入冰糖煮至浓稠状，撒上葱花即可。

营养功效

麦冬具有养阴生津、润肺清心的功效，常用于治疗咳嗽、津伤口渴、内热消渴等症状；莲子清热。此粥止渴消暑，是小儿夏季热患者的最佳食疗品。

红枣枸杞白糖粥

● 材料　红枣20克，枸杞10克，大米100克

● 调料　白糖5克

● 做法

①大米淘洗干净，放入清水中浸泡；红枣、枸杞洗净。②锅置火上，放入大米，加适量清水煮至七成熟。③放入枸杞、红枣煮至粥将成，加白糖稍煮后调匀便可。

营养功效

白糖具有润肺、生津功能，对发热、出汗多、手足心潮热、咽干患者都有所帮助；枸杞润肺。此粥对于小儿夏季热有明显缓解作用。

温馨提示Tips

枸杞、红枣都是大补之物，易上火，此粥不宜天天喝。

冬瓜蟹肉粥

● 材料　大米100克，蟹肉30克，冬瓜20克

● 调料　盐3克，味精2克，姜丝、葱花、料酒、芝麻油适量

● 做法

①大米淘洗干净；蟹肉收拾干净，用料酒腌渍去腥；冬瓜去皮后洗净，切小块。②锅置火上，注入清水，放入大米煮至七成熟。③放入蟹肉、冬瓜、姜丝煮至米粒开花，加盐、味精、芝麻油调匀，撒上葱花即可。

营养功效

冬瓜有良好的清热解暑、利尿功效，还可使人免生疔疮；蟹肉具有清热散结、通脉滋阴之功效。此粥对小儿夏季热有食疗作用。

温馨提示Tips

煲粥时一定要将蟹肉煮熟透，否则会引起腹泻。

小儿面黄肌瘦

婴幼儿如果在母乳供应不足或者断奶过早的情况下常常容易引起脾胃虚弱，在营养物质供应不足的情况下也会发生小儿面黄肌瘦的情况。

症状表现： 面色发黄、体型瘦小、易感冒、消化不良、营养不良、厌食、挑食等。

饮食原则： 中医认为小儿面黄肌瘦除了要彻底治疗慢性消耗性疾病外，饮食调养也尤为重要，要加强营养和提供充足的营养物质，以保证宝宝能摄入足够的热能、优质蛋白及脂肪。多喝温补脾胃的粥类能够让婴幼儿调理脾胃、舒畅气机、清除宿食以祛虚寒，改善小儿面黄肌瘦的症状等。

重点推荐的食材有： 红枣、大麦、莲子、桂皮、鸡肉、牛肉、排骨和山楂糕等。

莲子红枣猪肝粥

● **材料** 莲子30克，红枣30克，猪肝50克，枸杞15克，大米75克

● **调料** 盐2克，味精3克，葱花适量

● **做法**

①莲子洗净，浸泡半小时，去莲心；红枣洗净，对切；枸杞洗净；猪肝洗净，切片；大米淘净，泡好。②锅中注水，下入大米，旺火烧开，下入红枣、莲子、枸杞，转中火熬煮。③改小火，下入猪肝，熬煮成粥，加盐、味精调味，撒上葱花即可。

营养功效

猪肝含有维生素和多种微量元素，是最理想的补血养生佳品之一；莲子清肺入肺、益补。此粥能改善小儿面黄肌瘦症状，促进营养吸收。

红枣红参莲子粥

●材料　红枣、红参、莲子各适量，大米90克

●调料　白糖10克，葱少许

●做法

①红参洗净，切段；莲子泡发洗净，挑去莲心；红枣洗净，去核；葱洗净，切花。②锅置火上，注水后，放入大米、莲子、红枣、红参，用大火煮至米粒开花。③再转用小火煮至粥成闻见香味时，放入白糖调味，撒上葱花即可。

营养功效

红参可用于治疗体虚欲脱、脾虚食少、津伤口渴、内热消渴等疾病；红枣可调理脾胃。此粥有益于因营养供应不足而致的面黄肌瘦。

温馨提示Tips

红参不能与浓茶同食。

菠菜山楂粥

●材料　菠菜20克，山楂20克，大米100克

●调料　冰糖5克

●做法

①大米淘洗干净，用清水浸泡；菠菜洗净；山楂洗净。②锅置火上，放入大米，加适量清水煮至七成熟。③放入山楂煮至米粒开花，放入冰糖、菠菜稍煮后调匀便可。

营养功效

山楂能够调节心肌功能和消食健胃；菠菜能通利肠胃，多吃能够增强抵抗力。此粥可以帮助面黄肌瘦婴幼儿调理脾胃，舒畅气机。

温馨提示Tips

有吞酸、吐酸者及胃溃疡患者应慎食此粥。

梅肉山楂油菜粥

●材料　乌梅、山楂各20克，油菜10克，大米100克

●调料　冰糖5克

●做法

①大米洗净，用清水浸泡；山楂洗净；油菜洗净后切丝。②锅置火上，注入清水，放入大米煮至七成熟。③放入山楂、乌梅煮至粥将成，放入冰糖、油菜稍煮后调匀便可。

营养功效

乌梅能帮助消化；山楂具有消食化积、行气散瘀的功效。此粥能够食疗小儿慢性腹泻、痢疾、肺结核等所致的脾肺受损、面黄肌瘦。

美味排骨砂锅粥

●材料　大米80克，猪排骨400克，青豆50克，生菜30克

●调料　盐、味精、姜末、葱花各适量

●做法

①大米淘净，泡半小时；猪排骨洗净，斩成小块，入开水中汆烫，捞出；青豆洗净；生菜洗净，切碎。②将排骨放入砂锅中，加适量清水和姜末煮开，再放入大米、青豆一起烧开。③改小火煲煮成粥，下入生菜拌匀，调入盐、味精调味，撒入葱花即可。

营养功效

排骨除含蛋白、脂肪等外，还可为幼儿提供所需的钙质，改善面黄肌瘦症状；油菜维生素丰富，能促进吸收。此粥能够有效缓解小儿脾虚形瘦症状。

香菇牛肉青豆粥

●材料　大米100克，牛肉50克，香菇30克，鸡蛋1个，青豆30克

●调料　盐3克，鸡精2克，葱花适量

●做法

①香菇洗净，切成细丝；大米淘净，泡好；鸡蛋打入碗中，搅拌均匀；青豆洗净；牛肉洗净，切丝。②锅中注水，下入大米，旺火烧沸，下入香菇、青豆，转中火熬煮。③等粥熬出香味，下入牛肉丝、鸡蛋液煮至熟，调入盐、鸡精调味，撒上葱花即可。

营养功效

牛肉能提高机体抗病能力；香菇是高蛋白、低脂肪的健康食物。此粥特别适于面黄肌瘦小儿气血损耗、形体羸瘦者食用。

牛肉菠菜粥

●材料　牛肉80克，菠菜30克，红枣25克，大米120克

●调料　姜丝3克，盐3克，胡椒粉适量

●做法

①菠菜洗净，切碎；红枣洗净，去核，切粒；大米淘净，浸泡半小时；牛肉洗净，切片。②锅中加适量清水，下入大米、红枣、姜丝，大火烧开，下入牛肉，转中火熬煮。③下入菠菜熬煮成粥，加盐、胡椒粉调味即可。

营养功效

菠菜能通利肠胃，对津液不足、肠胃失调均有一定疗效，还可以增强抵抗力和促进儿童生长发育；牛肉营养丰富。此粥有利于改善小儿面黄肌瘦症状。

鸡肉枸杞萝卜粥

●材料　白萝卜120克，鸡脯肉100克，枸杞30克，大米80克

●调料　鸡汤、盐、葱花各适量

●做法

①白萝卜洗净，去皮，切块；枸杞洗净；鸡脯肉洗净，切丝；大米淘净，泡好。②大米放入锅中，倒入鸡汤，大火烧沸，下入白萝卜、枸杞，转中火熬煮至米粒软散。③下入鸡脯肉，将粥熬至浓稠，加盐调味，撒上葱花即可。

营养功效

鸡肉含有多种维生素及钙、磷、脂肪酸等成分；萝卜富含维生素C、植物蛋白，可增强免疫力。此粥尤其适合小儿补充营养时食用。

香菇鸡翅粥

●材料　香菇15克，米60克，鸡翅200克，葱10克

●调料　盐6克，胡椒粉3克

●做法

①香菇泡发切块；米洗净后泡水1小时；鸡翅洗净斩块；葱洗净切花备用。②将米放入锅中，加入适量水，大火煮开，加入鸡翅、香菇同煮。③至呈浓稠状时，调入调味料，撒上葱花即可。

营养功效

香菇含有丰富的维生素D，能促进钙、磷的消化吸收，有助于骨骼和牙齿的发育；鸡翅有增强免疫力的作用。此粥有健脾胃、益智安神、增强免疫力的功效。

猪肉鸡肝粥

●材料 大米80克，鸡肝100克，猪肉120克

●调料 盐、味精、葱花、料酒各少许

●做法

①大米淘净，泡半小时；鸡肝用水泡洗干净，切片；猪肉洗净，剁成末，用料酒略腌渍。②大米放入锅中，放适量清水，煮至粥将成时，放入鸡肝、肉末，转中火熬煮。③待熬煮成粥，调入盐、味精调味，撒上葱花即可。

营养功效

猪肉富含蛋白质、胆固醇、维生素B_1和锌等，可促进幼儿智力提高，还可以补充人体所需的营养成分；鸡肝可养胃、保肝。此粥尤其适合面黄肌瘦的小儿食用。

温馨提示Tips

鸡肝宜汆水后再煮粥。

鹌鹑瘦肉粥

●材料 鹌鹑1只，猪肉100克，大米80克

●调料 盐3克，味精2克，姜丝4克，胡椒粉3克，芝麻油、葱花各适量

●做法

①鹌鹑收拾干净，切块，汆水，捞出；猪肉洗净，切块；大米淘净。②锅中放入鹌鹑、大米、姜丝、肉块，注入沸水，中火焖煮。③转小火熬煮成粥，加盐、味精、胡椒粉调味，淋入芝麻油，撒入葱花即可。

营养功效

鹌鹑有补脾益气之功效，常用于辅助治疗营养不良、贫血等症。此粥具有健脾和胃、增强免疫力等作用，对小儿面黄肌瘦有辅助食疗作用。

温馨提示Tips

脾胃虚寒的儿童不宜多食此粥。

孕妇便秘

孕妇便秘特指女性在怀孕期间因黄体素分泌增加，使胃肠道平滑肌松弛，蠕动减缓，导致大肠对水分的吸收增加，粪便变硬，排便不畅的症状。另外，由于怀孕期间胎儿和子宫日益增大，会对直肠产生压迫，也会引起便秘的情况。

症状表现：便秘是孕期最常见的烦恼之一，也是孕期经常疏忽之处。特别是到妊娠晚期，便秘会愈来愈严重，从而导致孕妇腹痛、腹胀。严重者因便秘日久影响膀胱的气化功能而可能导致急性尿潴留。甚者阻塞肠道，导致肠梗阻，危及生命。

饮食原则：平时饮食要摄入充足的水分，多吃含纤维素较多的新鲜蔬菜和水果，以促进肠道的肌肉蠕动，软化粪便，从而起到润肠滑便的作用，帮助孕妇排便。早晨起床后，可先喝一杯凉开水。此外，还可以通过喝粥食疗，因为孕妇喝粥既能够有效改善便秘，又能够增加自身及宝宝所需的营养，提高抵抗力。

重点推荐的食材有：核桃、芝麻、柏子仁、无花果、蜂蜜、红枣、木瓜、红薯、酸奶等。

温馨提示Tips
腹泻者最好不要多食此粥。

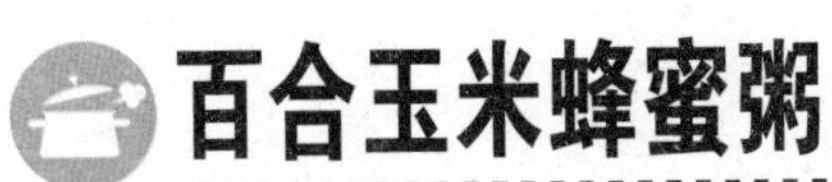

百合玉米蜂蜜粥

●材料 玉米粒、百合各20克，大米100克

●调料 蜂蜜适量

●做法

①玉米粒、百合清洗干净；大米泡发洗净。②锅置火上，注入清水后，放入大米、玉米、百合，用大火煮至米粒绽开。③改用小火煮至粥成浓稠状，食用前调入蜂蜜入味即可。

营养功效

百合主要含生物素、秋水碱等多种营养物质，有良好的治便秘、解毒之效；蜂蜜润肺、清心、促消化。此粥适宜于在孕期排便不畅的妇女食用。

枸杞木瓜粥

● 材料　枸杞10克，木瓜50克，糯米100克

● 调料　白糖5克，葱花少许

● 做法

①糯米洗净，用清水浸泡；枸杞洗净；木瓜洗净切开取果肉，切成小块。②锅置火上，放入糯米，加适量清水煮至八成熟。③放入木瓜、枸杞煮至米烂，加白糖调匀，撒葱花便可。

营养功效

木瓜能理脾和胃，辅助治疗消化不良、上吐下泻、腹痛等疾病；枸杞清润解毒，促进消化。此粥能够使孕期便秘者便秘的情况得到有效改善和解决。

核桃生姜粥

● 材料　核桃仁15克，生姜5克，红枣10克，糯米80克

● 调料　盐2克，姜汁适量

● 做法

①糯米置于清水中泡发后洗净；生姜去皮，洗净，切丝；红枣洗净，去核，切片；核桃仁洗净。②锅置火上，倒入清水，放入糯米，大火煮开，再淋入姜汁。③加入核桃仁、生姜、红枣同煮至浓稠，调入盐拌匀即可。

营养功效

生姜有抗菌防病、开胃健脾功用；核桃富含高蛋白，热量丰富，能调理肠道。此粥适合孕期便秘患者食用，能够促进排便。

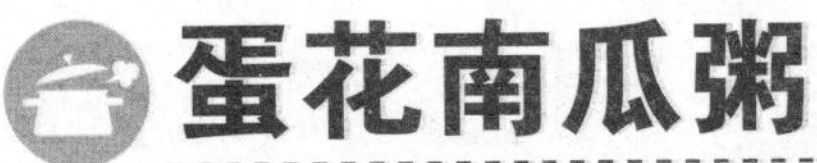

蛋花南瓜粥

●材料　大米100克，鸡蛋1个，南瓜20克

●调料　盐3克，芝麻油、葱花各适量

●做法

①大米淘洗干净，用清水浸泡；南瓜去皮洗净，切小块。②锅置火上，注入清水，放入大米煮至七成熟。③放入南瓜煮至米粒开花，磕入鸡蛋，打散后稍煮，加盐、芝麻油调匀，撒上葱花即可。

营养功效

鸡蛋有滋阴润燥、补血养颜的功效；南瓜所含成分能促进胆汁分泌，加强胃肠蠕动，帮助食物消化。此粥营养丰富，还可以缓解孕妇便秘症状。

南瓜粥

●材料　南瓜30克，大米90克

●调料　盐2克，葱少许

●做法

①大米泡发洗净；南瓜去皮洗净，切小块；葱洗净，切花。②锅置火上，注入清水，放入大米煮至米粒绽开后，放入南瓜。③用小火煮至粥成，调入盐入味，撒上葱花即可。

营养功效

南瓜含蛋白质、淀粉、碳水化合物类、胡萝卜素、维生素B_1、维生素B_2、维生素C和膳食纤维等成分，可使大便通畅、肌肤丰美。此粥尤其适合孕妇便秘时食用。

牛奶玉米粥

●材料 玉米粉80克，牛奶120克，枸杞少许

●调料 白糖5克

●做法

①枸杞洗净备用。②锅置火上，倒入牛奶煮至沸后，缓缓倒入玉米粉，搅拌至半凝固。③放入枸杞，用小火煮至粥呈浓稠状，调入白糖入味即可食用。

营养功效

玉米含有丰富的粗纤维，能加速致癌物质和其他毒物的排出，便秘者食用此粥尤其适合。

温馨提示Tips

此粥还有补血养颜的功效。

甜瓜西米粥

●材料 甜瓜、胡萝卜、豌豆各20克，西米70克

●调料 白糖4克

●做法

①西米泡发洗净；甜瓜、胡萝卜均洗净去皮，切丁；豌豆洗净。②锅置火上，倒入清水，放入西米、甜瓜、胡萝卜、豌豆一同煮开。③待煮至浓稠状时，调入白糖拌匀即可。

营养功效

甜瓜含有丰富的维生素、粗纤维等成分。便秘者食用此粥可有效缓解便秘症状，而且此粥营养丰富，易于吸收。

温馨提示Tips

凡脾胃虚寒、腹胀便溏者应忌食此粥。

膀胱炎

膀胱炎，顾名思义，就是发生在膀胱的炎症，是一种常见的尿路感染性疾病，主要是由于细菌感染而引起的，分急性膀胱炎和慢性膀胱炎两种。

症状表现：急性膀胱炎症状是排尿时尿道灼痛、尿频、尿急、尿量不多、尿液混浊，有时出现血尿；慢性膀胱炎尿频、尿急、尿痛症状长期存在，且反复发作，但不如急性期严重，尿中有少量或中量脓细胞、红细胞。此外，膀胱炎患者还易出现腰部不适、消瘦乏力等症状。

饮食原则：多饮水以增加尿量，能有效避免细菌入侵；还应注意补充营养，多吃利尿类食物，忌食刺激性食物，忌食柑橘，忌喝咖啡。此外，膀胱炎患者尤其适合以粥调养，因为喝粥有利于患者的肠胃健康。

重点推荐的食材有：玉米、大麦、粳米、黄豆、青豆、红糖、车前子、姜、薏米等。

豆豉葱姜粥

材料 黑豆豉、葱、红辣椒、姜各适量，糙米100克

调料 盐3克，芝麻油少许

做法

①糙米洗净，泡发半小时；红辣椒、葱洗净，切圈；姜洗净，切丝；黑豆豉洗净。②锅置火上，注入清水后，放入糙米煮至米粒绽开，再放入黑豆豉、红椒、姜丝。③用小火煮至粥成，调入盐入味，滴入芝麻油，撒上葱花即可食用。

营养功效

豆豉以其特有的香气能使人增加食欲，促进吸收，有发汗解表、清热解毒之效；姜葱能促进消化。此粥有利于膀胱炎患者的消化和吸收。

薏米豌豆粥

●材料 薏米、豌豆各20克，大米70克，红萝卜20克

●调料 白糖3克，葱花适量

●做法

①大米、薏米均泡发洗净；豌豆洗净；红萝卜洗净后切粒。②锅置火上，倒入适量清水，放入大米、薏米、红萝卜粒，以大火煮至米粒开花。③加入豌豆煮至浓稠状，调入白糖拌匀，撒下葱花即可。

营养功效

豌豆有和中益气、利小便及消肿的功效，是膀胱炎患者的食疗佳品；薏米清热、利尿和排毒。此粥有助于膀胱炎的治疗和恢复。

四豆陈皮粥

●材料 绿豆、红豆、眉豆、毛豆各20克，陈皮适量，大米50克

●调料 红糖5克

●做法

①大米、绿豆、红豆、眉豆均泡发洗净；陈皮洗净，切丝；毛豆洗净，沥水备用。②锅置火上，倒入清水，放入大米、绿豆、红豆、眉豆、毛豆，以大火煮至开花。③加入陈皮同煮至粥呈浓稠状，调入红糖拌匀即可。

营养功效

陈皮具有理气、健脾、燥湿的功效；毛豆含维生素和淀粉，有宽肠通便的作用。此粥可以帮助膀胱炎患者减缓排尿不适等症状。

猪肉玉米粥

●材料 玉米50克，猪肉100克，枸杞适量，大米80克

●调料 盐3克，味精1克，葱少许

●做法

①玉米拣尽杂质，用清水浸泡；猪肉洗净，切丝；枸杞洗净；大米淘净，泡好；葱洗净，切花。②锅中注水，下入大米和玉米煮开，改中火，放入猪肉、枸杞，煮至猪肉变熟。③小火将粥熬化，调入盐、味精调味，撒上葱花即可。

营养功效

猪肉有滋养脏腑、补中益气的作用，有助于治疗膀胱炎；玉米能够开胃益智。此粥能够减轻膀胱炎患者的不适症状。

玉米瘦肉粥

●材料 白果20克，猪肉50克，玉米粒30克，红枣10克，大米适量

●调料 盐3克，味精1克，葱花少许

●做法

①玉米粒洗净；猪肉洗净切丝；红枣洗净切碎；大米淘净泡好；白果去外壳取心洗净。②锅中注水，下入大米、玉米、白果、红枣，旺火烧开，改中火，下入猪肉煮至猪肉变熟。③改小火熬煮成粥，加盐、味精调味，撒上葱花即可。

营养功效

猪瘦肉含有丰富的蛋白质等，可以补充膀胱炎患者所需要的营养物质；玉米有清热、祛湿的作用。此粥可以用来辅助治疗膀胱疾病。

鲤鱼薏米粥

● 材料　鲤鱼50克，薏米、黑豆、红豆各20克，大米50克

● 调料　盐3克，葱花、胡椒粉、料酒适量

● 做法

①大米、黑豆、红豆、薏米洗净，用清水浸泡；鲤鱼收拾干净切小块，用料酒腌渍。②锅置火上，放入大米、黑豆、红豆、薏米，加适量清水煮至五成熟。③放入鱼肉煮至粥将成，加盐、胡椒粉调匀，撒葱花即可。

营养功效

鲤鱼有益气健脾、通脉、增强人体免疫力之功效，有助膀胱炎恢复；薏米清热排毒、祛湿气。此粥适合膀胱炎患者食用。

大米高良姜粥

● 材料　大米110克，高良姜15克

● 调料　盐3克，葱少许

● 做法

①大米泡发洗净；高良姜润透，洗净，切片；葱洗净，切花。②锅置火上，注水后，放入大米、高良姜，用旺火煮至米粒开花。③改用小火熬至粥成，放入盐调味，撒上葱花即成。

营养功效

大米具有补脾、和胃功效，能刺激胃液的分泌，有助于消化，并对脂肪的吸收有促进作用；高良姜益脾养胃。此粥有助减缓膀胱炎患者的不适症状。

心悸

心悸指患者自觉心中悸动，甚至不能自主的一类症状。发生时，患者自觉心跳快而强，并伴有心前区不适感。引起心悸的原因是多方面的，主要包括心血不足、心气亏虚、阴虚火旺、痰饮所伤四个方面。

症状表现：心跳心慌、易惊恐、坐卧不安、气短神疲、舌淡苔薄、头晕目眩、失眠多梦、心烦少寐、头晕目眩、耳鸣腰酸、遗精盗汗、舌红、大便秘结、小便短赤等。

饮食原则：心悸最主要的治疗原则是滋阴清热，饮食不宜重口味。心悸患者不应吃辛辣食物，忌喝烈酒和浓茶等；心悸患者还可采用药粥调养的方式，多喝补血益神、镇静宁心的粥。例如桂圆莲芡粥可健脾益气，缓解心气亏损、心血不足等症状。

重点推荐的食材有：红枣、大麦、粳米、桂圆、山药、人参、麦仁、蜂蜜等。

温馨提示Tips

芡实有收涩作用，女性产后不宜食用。

桂圆莲芡粥

●**材料** 桂圆肉、莲子、芡实各适量，大米100克

●**调料** 盐2克，葱少许

●**做法**

①大米洗净泡发；桂圆肉洗净；芡实、莲子洗净，挑去莲心；葱洗净，切圈。②锅置火上，注水后，放入大米、芡实、莲子，用大火煮至米粒开花。③再放入桂圆肉，改用小火煮至粥成闻见香味时，放入盐入味，撒上葱花即可。

营养功效

芡实有收敛止泻、镇痛镇静的作用，长期食用，有缓解心悸作用；桂圆肉滋补，安神宁心。此粥有助于改善心悸患者心气不足症状。

酸枣桂圆粥

●材料　酸枣仁、桂圆肉各适量，大米100克

●调料　盐2克

●做法

①大米洗净，浸泡半小时后捞出沥干水分备用；桂圆肉、酸枣仁均洗净。②锅置火上，倒入清水，放入大米，以大火煮至米粒开花。③加入桂圆肉、酸枣仁同煮片刻，再以小火煮至浓稠状，调入盐拌匀即可。

营养功效

酸枣可以安心养神，用于心肝血虚引起的心烦不安、心悸怔忡、失眠；桂圆补气养气、宁心安神。此粥是心悸患者的最佳食疗品。

阿胶桂圆人参粥

●材料　阿胶、桂圆肉、人参、红豆各适量，大米100克

●调料　白糖8克，葱花适量

●做法

①大米泡发洗净；人参、桂圆肉洗净；红豆洗净，泡发；阿胶打碎，以小火烊化备用。②锅置火上，注适量清水后，放入大米、红豆，用大火煮至米粒开花。③放入人参、桂圆肉，再加入已经烊化的阿胶，搅匀，用小火煮至粥成，加白糖调味即成。

营养功效

阿胶具有滋阴润燥、安神的功效，可用于治疗眩晕、心悸、失眠、血虚等病症；人参养气安神。此粥有助睡眠和缓解心悸症状。

山药人参鸡肝粥

● 材料 山药100克，人参1根，鸡肝120克，大米80克

● 调料 盐3克，鸡精1克，葱花少许

● 做法

①山药洗净，去皮，切片；人参洗净；大米淘净，泡好；鸡肝用水泡洗干净，切片。②大米放入锅中，放适量清水，旺火煮沸，放入山药、人参，转中火熬煮至米粒开花。③再下入鸡肝，慢火将粥熬至浓稠，加盐、鸡精调味，撒入葱花即可。

营养功效

鸡肝含有丰富的蛋白质和维生素，能够补养安神；人参有补气益气的功效。此粥适合心悸患者食用。

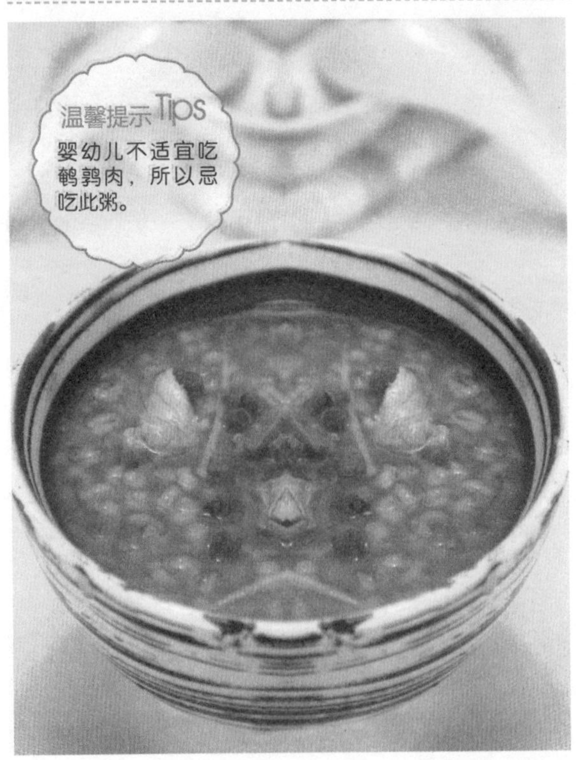

鹌鹑麦仁大米粥

● 材料 鹌鹑2只，麦仁60克，猪肉100克，大米20克

● 调料 姜丝4克，盐3克，葱花适量

● 做法

①鹌鹑收拾干净，斩块，汆水；猪肉洗净，切片；麦仁、大米洗净。②油锅烧热，入鹌鹑滑熟，捞出；大米、麦仁入锅，加水焖煮。③焖煮至米粒开花，下入鹌鹑、肉片、姜丝，改小火，熬煮成粥，加盐调味，撒入葱花即可。

营养功效

鹌鹑肉是高蛋白、低脂肪、低胆固醇食物，特别适合高血压患者食用，能有效缓解心悸症状；麦仁养心安神。此粥能养血益神，改善心悸症状。

红豆麦片粥

●材料 红豆30克，燕麦片20克，大米70克

●调料 白糖4克

●做法

①大米、红豆均泡发洗净；燕麦片洗净。②锅置火上，倒入清水，放入大米、红豆煮开。③加入燕麦片同煮至浓稠状，调入白糖拌匀即可。

营养功效

燕麦片富含维生素和膳食纤维，有补益脾肾、宁神安眠的作用；红豆能够缓解心悸所致的气短、乏力。此粥十分适宜心悸患者经常食用。

兔肉红枣粥

●材料 大米80克，兔肉200克，红枣50克

●调料 盐3克，葱白、鸡精、葱花各少许，蒜片10克

●做法

①红枣洗净，去核，切块；大米洗净；兔肉洗净切块，氽水，捞出。②锅中放入清水，下入大米，旺火煮沸，放入兔肉、蒜片、红枣，煮至熟。③下入葱白，转小火熬煮成粥，加盐、鸡精调味，撒入葱花即可。

营养功效

兔肉能增进血压循环，清除过氧化物，保护心脑血管；红枣中含有大量的环磷酸腺苷，能扩张血管。此粥适合心悸患者食用。

茯苓红枣粥

● 材料　大米100克，茯苓10克，红枣15克，油菜适量

● 调料　盐2克

● 做法

①大米洗净，再转入清水中浸泡半小时后捞出沥干水分；红枣洗净；茯苓冲净；油菜洗净，切丝。②锅置火上，倒入清水，放入大米、红枣，以大火煮开。③再加入茯苓同煮至熟，以小火煮至浓稠状，撒上油菜，调入盐拌匀即可。

营养功效

红枣中的环磷酸腺苷具有扩张血管的功能，与具有安神宁心作用的茯苓同煮粥，能保护心脏，适用于心悸患者。

人参鲇鱼粥

● 材料　大米100克，鲇鱼肉50克，人参片10克，枸杞适量

● 调料　盐3克，味精2克，葱花、料酒各适量

● 做法

①大米洗净，放入清水中浸泡；鲇鱼肉洗净切块，用料酒腌渍去腥；人参片洗净。②锅置火上，放入大米，加适量清水煮至五成熟。③放入鱼肉、枸杞、人参片煮至米粒开花，加盐、味精调匀，撒葱花便可。

营养功效

鲇鱼可降低血液黏稠度，保护心血管，与具有养血理气的人参同煮粥，非常适合心悸患者食用。

人参枸杞保健粥

● 材料　人参15克，枸杞20克，大米100克

● 调料　白糖8克，葱花适量

● 做法

①人参洗净，切小块；枸杞泡发洗净，大米泡发洗净。②锅置火上，注入水后，放入大米用大火煮至米粒开花。③放入枸杞、人参，用小火熬至粥成，放入白糖调味，撒上葱花即成。

营养功效

人参对心血管具有较好的控制作用，能够保证心律保持在正常水平，与具有养心安神、增强免疫力的枸杞同煮粥，适用于心悸患者。

蜜枣桂圆羹

● 材料　桂圆肉30克，蜜枣20克，藕粉50克

● 调料　白糖5克

● 做法

①桂圆肉洗净；藕粉放入碗中，加少许清水、白糖调成汁液。②砂锅内放入清水，放入蜜枣大火煮片刻，放入桂圆肉用小火煨煮至酥烂。③慢慢倒入藕粉液，边倒边搅拌，煨煮成羹便可。

营养功效

桂圆具有益气养血、健脾补心、安神宁心的功效；蜜枣具有扩张血管的作用。两者配合煮粥，能保护心血管，适合心悸患者食用。

首乌红枣熟地粥

●材料　粳米60克，薏米30克，何首乌、熟地、腰果、红枣各适量

●调料　冰糖适量

●做法

①粳米、薏米均泡发洗净；红枣洗净，切片；腰果洗净；何首乌、熟地均洗净，加水煮好，取汁待用。②锅置火上，倒入煮好的汁，放入粳米、薏米，以大火煮开。③加入红枣、腰果、冰糖煮至浓稠状即可食用。

营养功效

何首乌中的纤维蛋白具有溶解活性，能起到保护心脑血管的作用；红枣中含有大量环磷酸腺苷，能扩张血管。此粥适合心悸患者食用。

猪腰香菇粥

●材料　大米80克，猪腰100克，香菇50克

●调料　盐3克，鸡精1克，葱花少许

●做法

①香菇洗净，对切；猪腰洗净，去腰臊，切上花刀；大米淘净，浸泡半小时后捞出沥干水分。②锅中注水，放入大米以旺火煮沸，再下入香菇熬煮至将成。③下入猪腰，待猪腰变熟，调入盐、鸡精搅匀，撒上葱花即可。

营养功效

猪腰是滋补佳品，具有补虚的作用；香菇营养丰富，具有增强免疫力、降压降脂的作用。两者配合煮粥，能保护心脏，适合心悸患者食用。

香菇猪蹄粥

●材料　大米150克，净猪前蹄120克，香菇20克

●调料　盐3克，姜末6克，香菜段少许

●做法

①大米淘净，捞出沥干水分；猪蹄洗净，剁成小块，再下入锅中炖好，捞出；香菇洗净，切成薄片。②大米入锅，加水煮沸，下入猪蹄、香菇、姜末，再以中火熬煮至米粒开花。待粥熬出香味，调入少许盐调味，撒上香段菜即可。

营养功效

猪蹄中含有丰富的胶原蛋白，能保护心脑血管，与具有降压降脂、增强免疫力作用的香菇配合煮粥，非常适合心悸患者食用。

温馨提示Tips

动脉硬化及高血压患者最好不要食用此粥。

金针菇猪肉粥

●材料　大米80克，猪肉100克，金针菇100克

●调料　盐3克，味精2克，葱花4克

●做法

①猪肉洗净，切丝，用盐腌片刻；金针菇洗净，去老根；大米淘净，浸泡半小时后捞出沥干水分。②锅中注水，下入大米，旺火煮开，改中火，下入腌好的猪肉，煮至猪肉变熟。③下入金针菇，熬至粥成，下入盐、味精调味，撒上葱花即可。

营养功效

猪肉中的锌和脂肪酸能提高免疫力，为人体提供充足营养，与具有增强活性、降压降脂作用的金针菇同煮粥，适用于心悸患者。

温馨提示Tips

脾胃虚寒者不宜过多食用此粥。

胃癌术后

胃癌发病多是因幽门螺杆菌感染，饮食、环境、遗传因素的影响，以及消化性溃疡治疗不当引致癌变所造成的。胃癌好发部位多为胃窦，依次是胃小弯、贲门、胃体及胃底。胃癌早期可无或仅有消化道不良症状，易被忽视，当症状明显时已进入中晚期。

症状表现：身体羸弱、出虚汗、乏困无力、气血双虚、消瘦、食欲不佳、体重减轻等。

饮食原则：对于胃癌患者来说，手术后饮食必须遵循健康原则，最重要的就是喝粥。建议患者多喝五谷杂粮粥，早晚食用，能够明显起到益气补血、养胃除湿的作用，并且能够调养肠胃，对化疗过程有极大的帮助。煮粥时可以适当加入一些碱，让粥呈黏糊状。

重点推荐的食材有：薏米、红枣、葵花子、扁豆、猴头菇、红枣、猕猴桃、香菇、蘑菇和金针菇等。

南瓜薏米粥

● 材料　南瓜40克，薏米20克，大米70克

● 调料　盐2克，葱花8克

● 做法

①大米、薏米均泡发洗净；南瓜去皮洗净，切丁。②锅置火上，倒入清水，放入大米、薏米，以大火煮开。③加入南瓜煮至浓稠状，调入盐拌匀，撒上葱花即可。

营养功效

南瓜有助于调节新陈代谢以及增强机体免疫力，甚至养胃养气；薏米祛湿、镇痛、补胃养胃。此粥有助于胃癌术后的康复和营养物质的补充。

羊肉薏米萝卜粥

● 材料　羊肉150克，薏米120克，白萝卜30克，胡萝卜30克，芹菜15克，豌豆适量

● 调料　盐3克，味精1克

● 做法

①白萝卜、胡萝卜洗净，切块；豌豆洗净；羊肉洗净，切片；薏米淘净，泡3小时；芹菜洗净，切粒。②锅中注水，放入薏米大火煮开，下入羊肉、白萝卜、胡萝卜、豌豆，转中火熬煮。③粥快熬好时，下入芹菜拌匀，调入盐、味精调味即可。

营养功效

羊肉为益气补虚、温中暖下、养胃之品，搭配萝卜制作的粥，是滋补佳品，能补充胃癌化疗所需的营养物质。

香菇枸杞养生粥

● 材料　糯米80克，水发香菇20克，枸杞10克，红枣20克

● 调料　盐2克，葱花适量

● 做法

①糯米泡发洗净，浸泡半小时后捞出沥干水分；香菇洗净，切丝；枸杞洗净；红枣洗净，去核，切片。②锅置火上，放入糯米、枸杞、红枣、香菇，倒入清水煮至米粒开花。③再转小火，待粥至浓稠状时，调入盐拌匀即可。

营养功效

香菇能作为一种抗体阻止癌细胞的生长发育，对已突变的异常细胞也具有明显的抑制作用；糯米温补滋阴。此粥胃癌患者术前术后都能多食。

党参红枣黑米粥

● 材料　黑米80克，党参、红枣各适量

● 调料　白糖4克

● 做法

①黑米泡发洗净；红枣洗净，切片；党参洗净，切段。②锅置火上，倒入清水，放入黑米煮开至开花。③加入红枣、党参同煮至浓稠状，调入白糖拌匀即可。

营养功效

黑米含蛋白质、糖类等，多食具有开胃益中、暖脾暖肝的补养作用；党参补气益神。此粥对胃癌术后能起到益气补血、养胃除湿作用。

白术内金红枣粥

● 材料　大米100克，白术、鸡内金、红枣各适量

● 调料　白糖4克

● 做法

①大米泡发洗净；红枣、白术均洗净；鸡内金洗净，加水煮好，取汁待用。②锅置火上，加入适量清水，倒入煮好的汁，放入大米，以大火煮开。③再加入白术、红枣煮至粥呈浓稠状，调入白糖拌匀即可。

营养功效

白术有健脾益气、燥湿利水、止汗、安胎的功效，常用于脾胃气弱、倦怠少气等病症的治疗；红枣补气益脾。此粥是胃癌术后的重要食疗佳品。

红枣带鱼糯米粥

●材料 糯米80克，带鱼30克，红枣20克

●调料 盐3克，味精2克，芝麻油、料酒、葱花各适量

●做法

①糯米洗净后放入清水中，浸泡半小时；带鱼收拾干净，切小块，用料酒腌渍去腥；红枣洗净，去核备用。②锅置火上，注入清水，放入糯米、红枣煮至六成熟。③再放入带鱼煮至粥浓稠，加盐、味精、芝麻油调味，撒上葱花即可。

营养功效

带鱼对脾胃虚弱、消化不良者尤为适宜，同时是食疗癌症的有效食物；糯米补胃养胃。此粥对于胃癌术后的病人调养肠胃十分见效。

鲫鱼红豆粥

●材料 鲫鱼50克，红豆20克，大米80克

●调料 盐3克，味精2克，姜丝、料酒、葱花、芝麻油适量

●做法

①大米洗净；鲫鱼收拾干净后切小片，用料酒腌渍；红豆浸泡至发透后，洗净。②锅置火上，注入清水，放入大米、红豆煮至八成熟。③放入鱼肉、姜丝煮至粥将成，加盐、味精、芝麻油调匀，撒上葱花便成。

营养功效

鲫鱼有益气健脾、利水消肿、清热解毒之功效；红豆有利于补充营养、膳食纤维和蛋白质等。此粥对胃癌术后有辅助康复的疗效。

高血压

高血压是指在静息状态下动脉收缩压或舒张压增高的症状，常伴有心、脑、肾、视网膜等器官功能性或者器质性改变以及糖代谢紊乱等现象。机体内长期反复的不良刺激致大脑皮质功能失调、内分泌失调、肾缺血、遗传、食盐过多等原因均可导致高血压。

症状表现：高血压的表现有头晕、头痛、烦躁、心悸、失眠、注意力不集中、记忆力减退、肢体麻木等。

饮食原则：平时需控制能量的摄入，提倡进食复合糖类食物，如淀粉、玉米，少吃葡萄糖、果糖及蔗糖，这类糖属于单糖，易引起血脂升高；平时应限制脂肪的摄入；适量摄入蛋白质，因为蛋白质可改善血管弹性和通透性，增加尿钠排出，从而降低血压。但如高血压合并肾功能不全时，应限制蛋白质的摄入。此外，通过喝粥来控制脂肪、胆固醇、食盐量及热量的摄入，可以有效预防高血压。

重点推荐的食材有：玉米、糙米、小米、绿豆、黄豆、白菜、菠菜、芹菜、芦笋、西红柿、海带、鱼、虾皮、玉米须和土豆等。

玉米火腿粥

●**材料** 玉米粒30克，火腿丁100克，大米50克

●**调料** 葱花、姜丝各3克，盐2克，胡椒粉3克

●**做法**

①玉米拣尽杂质，淘净，浸泡1小时；大米洗净，捞出沥干水分。②大米下锅，加适量清水，大火煮沸，下入火腿、玉米、姜丝，转中火熬煮至米粒开花。③改小火，熬至粥浓稠，入盐、胡椒粉调味，撒上葱花即可。

营养功效

火腿性温，味甘、咸，有补脾开胃、降血压功效，是病后调补的上品；玉米维生素含量丰富。此粥适合高血压病患者食用。

玉米须大米粥

●材料　玉米须适量，大米100克

●调料　盐1克，葱5克

●做法

①大米置冷水中泡发半小时后捞出沥干水分备用；玉米须洗净，稍浸泡后，捞出沥干水分；葱洗净，切花。②锅置火上，放入大米和水同煮至米粒开花。③加入玉米须，煮至浓稠，调入盐拌匀，撒上葱花即可。

营养功效

玉米须具有利尿、降压、止血以及降糖等功效，可用于高血压、糖尿病患者的辅助治疗。此粥适合高血压患者食用，可降低血压。

温馨提示Tips

此粥宜大火熬煮，粥的味道会更佳。

茯苓大米粥

●材料　白茯苓适量，大米100克

●调料　盐2克，葱10克

●做法

①大米淘洗干净，捞出沥干备用；茯苓洗净；葱洗净，切花。②锅置火上，倒入清水，放入大米，以大火煮开。③加入茯苓同煮至熟，再以小火煮至浓稠状，调入盐拌匀，撒上葱花即可。

营养功效

茯苓具有利水渗湿、健脾补中、宁心安神、降低血压的功效。此粥可用于防治小便不利、食少脘闷、呕吐、心悸不安、高血压、高血脂等症。

温馨提示Tips

宜选用白色或灰白色、质细、无霉变的茯苓。

芹菜枸杞叶粥

●材料 新鲜枸杞叶、新鲜芹菜各15克，大米100克

●调料 盐2克，味精1克

●做法

①枸杞叶、芹菜洗净，切碎片；大米泡发洗净。②锅置火上，注水后，放入大米，用旺火煮至米粒开花。③放入枸杞叶、芹菜，改用小火煮至粥成，加入盐、味精调味，即可食用。

营养功效

芹菜中含有的镇静素能抑制血管平滑肌紧张，减少肾上腺素的分泌，从而降低和平稳血压；枸杞叶有补虚益精、清热明目的功效。此粥适合高血压患者食用。

圆白菜芦荟粥

●材料 大米100克，芦荟、圆白菜各20克，枸杞少许

●调料 盐3克

●做法

①大米泡发洗净；芦荟洗净，切片；圆白菜洗净切丝；枸杞洗净。②锅置火上，注入水后，放入大米用大火煮至米粒绽开，放入芦荟、圆白菜、枸杞。③用小火煮至粥成，调入盐入味，即可食用。

营养功效

圆白菜可增强人体免疫力；芦荟多糖的免疫复活作用可提高机体的抗病能力，还可有效降低血压。高血压、痛风等患者尤其适宜食用此粥。

猪肉香菇粥

●材料 猪肉、香菇各100克，大米80克

●调料 葱白、生姜、盐、味精、淀粉、芝麻油各适量

●做法

①香菇洗净，对切；猪肉洗净，切丝，用盐、淀粉腌片刻；大米淘净，浸泡半小时。②锅中放入大米，加水大火烧开，改中火，下入猪肉、香菇、生姜、葱白，煮至猪肉变熟。③小火慢煮成粥，下入盐、味精调味，淋上芝麻油即可。

营养功效

香菇有抑制血液中胆固醇升高和降低血压的作用；猪肉可增强人体免疫力。高血压患者经常食用此粥，可有效降低血压、降低血脂。

温馨提示 Tips

脾胃虚寒者不宜多食此粥。

鲫鱼糯米香葱粥

●材料 糯米100克，鲫鱼50克

●调料 盐3克，味精2克，料酒、姜丝、枸杞、葱花、芝麻油各适量

●做法

①糯米洗净，放入清水中浸泡；鲫鱼收拾干净后切小片，用料酒腌渍去腥。②锅置火上，注入清水，放入糯米煮至五成熟。③放入鱼肉、枸杞、姜丝煮至粥将成，加盐、味精、芝麻油调匀，撒葱花便可。

营养功效

糯米具有安神益心、调理消化和吸收的作用，对于高血压病等有缓解功能；鲫鱼温养。此粥非常适合给患有高血压的人群食用。

温馨提示 Tips

胃肠消化功能弱者最好不要食用此粥。

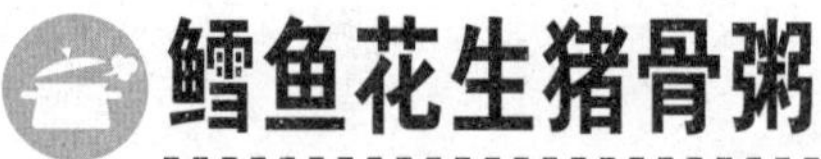

鳕鱼花生猪骨粥

●材料 鳕鱼肉、猪骨各30克，花生米10克，大米80克

●调料 盐3克，料酒、葱花、姜丝、枸杞各适量

●做法

①大米洗净；鳕鱼肉洗净后切小片，用料酒腌渍；猪骨洗净剁小块，氽水。②锅置火上，注入清水，放入大米煮至五成熟。③再放入鳕鱼、猪骨、姜丝及洗好的枸杞、花生米煮至粥将成，加盐调味，撒葱花即可。

营养功效

鳕鱼有高营养、低胆固醇等优点，鳕鱼肉还可用于高血压、糖尿病的食疗；花生滋补降压。此粥能有效降低血压。

红枣鲫鱼粥

●材料 大米100克，红枣10克，鲫鱼50克

●调料 盐3克，葱花、芝麻油、料酒各适量

●做法

①大米淘洗干净，放入清水中浸泡；鲫鱼收拾干净后切小片，用料酒腌渍去腥；红枣洗净切开。②锅置火上，注入清水，放入大米煮至五成熟。③放入鱼肉、红枣煮至粥将成，加盐、芝麻油调匀，撒上葱花便可。

营养功效

鲫鱼有促进心血管疾病康复的功效，还对治疗高血压疾病有一定的帮助；红枣补气养血。此粥可以使高血压患者降低血压，同时预防疾病。

鳜鱼菊花粥

●材料　大米100克，菊花瓣少许，鳜鱼50克

●调料　盐、料酒、姜丝、芝麻油、葱花、枸杞各适量

●做法

①大米淘洗干净；鳜鱼收拾干净后切块，用料酒腌渍去腥；菊花瓣、枸杞洗净。②锅置火上，放入大米，加适量清水煮至五成熟。③放入鳜鱼、枸杞、姜丝煮至粥将成，放入菊花瓣稍煮，加盐、芝麻油调匀，撒葱花便可。

营养功效

菊花具有清热、解毒、降压的功效。此粥具有清肝泻火、平肝潜阳的作用，适合肝阳上亢型的高血压患者食用。

鳗鱼猪排粥

●材料　大米80克，鳗鱼、猪排、细粒花生米、腐竹各25克

●调料　盐3克，葱花、料酒各适量

●做法

①大米洗净；鳗鱼收拾干净切小片，用料酒腌渍；猪排骨洗净剁小块，放入沸水氽去血水；花生米洗净；腐竹泡发，洗净，切成小段。②锅中注入适量清水，放入大米煮至六成熟。③放入鳗鱼、猪排、花生米、腐竹煮至米粒开花，加盐调匀，撒上葱花便可。

营养功效

鳗鱼有补虚损功效，对胃病、贫血、高血压等也有一定疗效，还能够调节血糖；猪排营养丰富。此粥是高血压患者的良好营养品。

高脂血症

高脂血症是一种全身性疾病，指血中总胆固醇或甘油三酯过高或高密度脂蛋白胆固醇过低，由于脂质不溶或微溶于水，必须与蛋白质结合以脂蛋白形式存在，因此，高脂血症通常也称为高脂蛋白血症。

症状表现：一般高脂血的症状多表现为：头晕、神疲乏力、失眠健忘、肢体麻木、胸闷等，还会与其他疾病的临床症状相混淆；高脂血较重时会出现头晕目眩、头痛、胸闷、气短、心慌、胸痛、乏力、口角歪斜、不能说话、肢体麻木等症状；长期血脂高，会引起冠心病和周围动脉疾病等，表现为心绞痛、心肌梗死、脑卒中等。

饮食原则：应限制摄入高脂肪食品，可以选择胆固醇含量低的食品，多吃含纤维素多的蔬菜和杂粮；还应限制甜食，因为糖可在肝脏中转化为内源性甘油三酯，使血浆中甘油三酯的浓度增高；尽量以粥、汤、蒸煮菜为主，少吃煎炸食品。

重点推荐的食材有：绿豆、黄豆、燕麦、玉米、小麦、山楂、小白菜、豆腐、黄瓜、冬瓜、藕、萝卜、西红柿、芹菜、白菜、马蹄、洋葱、菌类等。

萝卜橄榄粥

●**材料** 糯米100克，白萝卜、胡萝卜各50克，猪肉80克，橄榄20克

●**调料** 盐3克，味精1克，葱花适量

●**做法**

①白萝卜、胡萝卜均洗净，切丁；猪肉洗净，切丝；橄榄冲净；糯米淘净，用清水泡好。②锅中注水，下入糯米和橄榄煮开，改中火，放入胡萝卜、白萝卜煮至粥稠冒泡。③再下入猪肉熬至粥成，调入盐、味精调味，撒上葱花即可。

营养功效

橄榄可降低胆固醇和甘油三酯；萝卜富含膳食纤维，可促消化、降血脂。此粥适合高脂血症患者食用。

五色大米粥

●材料　绿豆、红豆、白豆、玉米各25克，胡萝卜适量，大米40克

●调料　白糖3克

●做法

①大米、绿豆、红豆、白豆均泡发洗净；玉米洗净；胡萝卜洗净，切丁。②锅置火上，倒入清水，放入大米、绿豆、红豆、白豆，以大火煮开。③加玉米、胡萝卜同煮至浓稠状，加白糖拌匀即可。

营养功效

绿豆清心安神，滋脾胃，降脂降压；白豆富含维生素；玉米调理中气，还能降低血脂。此粥能够降低血脂，高脂血症患者宜多食。

腊八粥

●材料　红豆、红枣、绿豆、花生、薏米、黑米、葡萄干各20克，糯米30克

●调料　白糖5克，葱花2克

●做法

①糯米、黑米、红豆、薏米、绿豆均泡发洗净；花生、红枣、葡萄干均洗净。②锅置火上，倒入清水，放入糯米、黑米、红豆、薏米、绿豆，煮开。③加入花生、红枣、葡萄干同煮至浓稠状，调入白糖拌匀，撒入葱花即可。

营养功效

绿豆具有清热消暑、润喉止咳及明目降压之功效；薏米能防止血脂升高。此粥有清肠降脂的作用。

●材料　香菜适量，荞麦、薏米、糙米各35克

●调料　盐2克，芝麻油5克

●做法

①糙米、薏米、荞麦均泡发洗净；香菜洗净，切碎。②锅置火上，倒入清水，放入糙米、薏米、荞麦煮至开花。③煮至浓稠状时，调入盐拌匀，淋入芝麻油，撒上香菜即可。

营养功效

香菜辛香升散，能促进胃肠蠕动，具有调和中焦、降低血脂的作用；荞麦含维生素丰富。此粥有利于膳食纤维的摄入，可降低血脂、血压。

三黑白糖粥

●材料　黑芝麻10克，黑豆30克，黑米70克

●调料　白糖3克

●做法

①黑米、黑豆均洗净，置于冷水锅中浸泡半小时后捞出沥干水分；黑芝麻洗净。②锅中加适量清水，放入黑米、黑豆、黑芝麻以大火煮至开花。③再转小火将粥煮至呈浓稠状，调入白糖拌匀即可。

营养功效

黑豆有补肾阴的功效，对于糖尿病等病症有益处；黑芝麻有抑制胆固醇、脂肪的吸收，预防高血压效果。此粥为高脂蛋白血症患者的食疗佳品。

三米甜粥

●材料　大米60克，薏米、玉米粒各40克

●调料　白糖3克

●做法

①大米、薏米均洗净，泡发；玉米粒洗净。②锅置火上，倒入清水，放入大米、薏米、玉米粒，以大火煮至开花。③再转小火煮至粥呈浓稠状，调入白糖拌匀即可。

营养功效

大米、薏米、玉米均含有丰富的膳食纤维，是可以预防高脂血症的食物。此粥有助于降低血压、血脂和胆固醇。

温馨提示Tips

高血压人群食用此粥时加入的白糖不宜过量。

刺五加粥

●材料　刺五加适量，大米80克

●调料　白糖3克

●做法

①大米泡发洗净；刺五加洗净，装入棉纱布袋中。②锅置火上，倒入清水，放入大米，以大火煮至米粒开花。③再下入装有刺五加的绵纱布袋同煮至浓稠状，拣出棉布袋，调入白糖拌匀即可。

营养功效

刺五加含有五加苷、左旋芝麻素、多糖等，有较好的抗衰老、增强免疫力的作用。经常食用此粥对高血压、高血脂、脑血栓、失眠等症有预防和辅助治疗作用。

温馨提示Tips

阴虚火旺者慎食此粥。

大米决明子粥

●材料 大米100克，决明子适量

●调料 盐2克，葱8克

●做法

①大米泡发洗净；决明子洗净；葱洗净，切花。②锅置火上，倒入清水，放入大米，以大火煮至米粒开花。③加入决明子煮至粥呈浓稠状，调入盐拌匀，再撒上葱花即可。

营养功效

决明子具有清热明目、润肠通便的功效，用于目暗不明、大便秘结、风热赤眼、高血压、高脂血等症。此粥可有效降低血脂和血压。

陈皮黄芪粥

●材料 陈皮末15克，生黄芪20克，山楂适量，大米100克

●调料 白糖10克

●做法

①生黄芪洗净；山楂洗净，切丝；大米泡发洗净。②锅置火上，注水后，放入大米，用旺火煮至米粒绽开。③放入生黄芪、陈皮末、山楂，用小火煮至粥可闻见香味，放入白糖调味即可。

营养功效

陈皮具有理气健脾、调中化痰的功效，可调节血糖、降低血脂。此粥具有健脾养胃，降低血脂、血糖、血压的功效。

橘皮粥

● 材料　干橘皮适量，大米80克

● 调料　盐2克，葱8克

● 做法

①大米泡发洗净；橘皮洗净，加水煮好，取汁待用；葱洗净，切成花。②锅置火上，加入适量清水，放入大米，以大火煮开，再倒入熬好的汁液。③以小火煮至浓稠状，撒上葱花，调入盐拌匀即可。

营养功效

橘皮又叫“陈皮”，性温，味辛，有理气化痰、燥湿的功效。橘皮粥具有降血脂、抗动脉粥样硬化等作用，可预防心血管疾病的发生。

大米竹叶汁粥

● 材料　竹叶适量，大米100克

● 调料　白糖3克

● 做法

①大米泡发洗净；竹叶洗净，加水煮好，取汁待用。②锅置火上，倒入煮好的竹叶汁，放入大米，以大火煮开。③煮至浓稠状，调入白糖拌匀即可。

营养功效

竹叶含有大量的黄酮类化合物和生物活性多糖及其他有效成分，具有抗衰老、降血脂的作用。此粥可降低血脂，适合高脂血症患者食用。

高血糖

高血糖是指空腹状态下血糖值超过规定的水平所形成的血糖症。在日常生活中人们常常把高血糖和糖尿病混淆，但是事实上高血糖不是糖尿病，只是有可能会引起糖尿病。

症状表现：高血糖一般伴随着尿多、皮肤干燥、脱水、口渴口干、厌食和腹部不适等症状。

饮食原则：高血糖患者应选择少油少盐的清淡食品；要限制动物性脂肪及含饱和脂肪酸高的食物摄入，少吃油煎、油炸食物及动物内脏类食物，高血糖患者每日胆固醇摄入量应小于200毫克。高血糖患者宜多喝杂粮类粥品，因为五谷杂粮中的膳食纤维进入胃肠以后，会不断吸水膨胀，从而延缓身体对葡萄糖的吸收。膳食纤维还可以减少身体对糖的吸收，防止饭后血糖急剧上升，对于降低血糖有很大帮助。

重点推荐的食材有：大豆、玉米、大麦、麦片、陈皮、牛奶、鸡蛋、瘦肉、苦瓜、洋葱等。

陈皮眉豆粥

●**材料** 大米80克，眉豆30克，陈皮适量

●**调料** 白糖4克

●**做法**

①大米、眉豆均洗净，泡发半小时后捞出沥干水分；陈皮洗净，浸泡至软后，捞出切丝。②锅置火上，倒入适量清水，放入大米、眉豆以大火煮至米、豆开花。③再加入陈皮丝同煮至粥呈浓稠状，调入白糖拌匀即可。

营养功效

眉豆属于五谷杂粮，其膳食纤维进入胃肠以后，会不断吸水膨胀，从而延缓身体对葡萄糖的吸收；陈皮能降血糖。此粥有助于降低血糖。

眉豆大米粥

●材料　眉豆30克，大米80克

●调料　红糖10克，葱花3克

●做法

①大米、眉豆均泡发洗净；葱洗净，切花。②锅置火上，倒入清水，放入大米、眉豆煮至开花。③加入红糖同煮至浓稠状，撒上葱花即可。

营养功效

眉豆经常食用可以延缓身体对葡萄糖的吸收，有助降糖；大米能补充膳食营养，有利于降低血糖。此粥有利于调节血压、血糖。

双豆双米粥

●材料　红豆30克，豌豆、胡萝卜各20克，玉米粒20克，大米80克

●调料　白糖5克

●做法

①大米、红豆均泡发洗净；玉米粒、豌豆均洗净；胡萝卜洗净，切丁。②锅置火上，倒入清水，放入大米与红豆，以大火煮开。③加入玉米粒、豌豆、胡萝卜同煮至浓稠状，调入白糖即可。

营养功效

玉米和大米中含较多无机盐和维生素，而且富含膳食纤维，有降低血糖的作用。此粥有益于高血糖患者的健康。

三豆甘草瓦罐粥

●材料　黑豆、红豆、青豆各20克，大米60克，甘草适量

●调料　白糖4克

●做法

①大米、黑豆、红豆均泡发洗净；青豆、甘草均洗净，甘草加适量水煎煮取汁备用。②锅置火上，倒入清水，放入大米、黑豆、红豆、青豆煮开。③再将甘草连同汁一齐倒入，煮至粥呈浓稠状，调入白糖拌匀即可。

营养功效

青豆中不含胆固醇，可预防心血管疾病，降低血液中的胆固醇；黑豆对辅助治疗糖尿病有益。此粥能够降低血糖，促进营养吸引。

黄芪红豆粥

●材料　糯米70克，红豆20克，薏米30克，黄芪、鸡内金粉各适量

●调料　白糖3克

●做法

①糯米、薏米、红豆均洗净，于冷水锅中泡发半小时后捞出沥水备用；黄芪洗净。②锅置火上，倒入清水，放入糯米、薏米、红豆同煮开。③加入黄芪、鸡内金粉搅匀，煮至粥呈浓稠状，调入白糖拌匀即可食用。

营养功效

黄芪可用于表虚自汗及消渴，辅助治疗糖尿病等；红豆富含膳食纤维，可补充营养。此粥有利于降低血糖。

枸杞山药瘦肉粥

●材料　山药120克，猪肉100克，大米80克，枸杞15克

●调料　盐3克，味精1克，葱花5克

●做法

①山药洗净，去皮，切块；猪肉洗净，切块；枸杞洗净；大米淘净，泡半小时。②锅中注水，下入大米、山药、枸杞，大火烧开，改中火，下入猪肉，煮至猪肉变熟。③小火将粥熬好，调入盐、味精调味，撒上葱花即可。

营养功效

山药内含淀粉酶消化素，能分解蛋白质和糖，可降低血糖值；瘦肉可补充人体所需的营养物质。高血糖人群常食此粥有助于血糖恢复正常。

三红玉米粥

●材料　红枣、红衣花生、红豆、玉米各20克，大米80克

●调料　白糖6克，葱花少许

●做法

①玉米洗净；红枣去核洗净；花生仁、红豆、大米泡发洗净。②锅置火上，注水后，放入大米煮至沸后，放入玉米、红枣、花生仁、红豆。③用小火慢慢煮至粥成，调入白糖入味，撒上葱花即可。

营养功效

花生可降低血胆固醇，用于辅助治疗高血压以及高血糖等疾病；玉米含维生素丰富。此粥能够帮助降低血糖。

泽泻枸杞粥

●材料 泽泻、枸杞各适量，大米80克

●调料 盐2克

●做法

①大米泡发洗净；枸杞洗净；泽泻洗净，加水煮好，取汁待用。②锅置火上，加入适量清水，放入大米、枸杞以大火煮开。③再倒入熬煮好的泽泻汁，以小火煮至浓稠状，调入盐拌匀即可。

营养功效

泽泻具有利水、渗湿等功效；枸杞能显著降低糖尿病患者的血糖。此粥尤其适合高血糖患者食用。

竹叶地黄粥

●材料 竹叶、生地各适量，枸杞10克，大米100克

●调料 盐2克，香菜叶少许

●做法

①大米泡发洗净；竹叶、生地黄均洗净，加适量清水熬煮，滤出渣叶，取汁待用；枸杞洗净备用。②锅置火上，加入适量清水，放入大米，以大火煮开，再倒入已经熬煮好的汁液、枸杞。以小火煮至粥呈浓稠状，调入盐拌匀，放入香菜即可。

营养功效

竹叶可清心火，祛烦热；生地具有清热凉血、养阴、生津的功效。此粥清热凉血、利尿除湿，适合糖尿病患者食用。

清粥小菜

Qingzhou Xiaocai

平时喝粥感到清淡无味时，也可以搭配一些小菜，让口感更佳，营养更丰富，并起开胃消食的作用。本章就为大家介绍一些可以与粥搭配食用的美味凉菜和热菜，这些小菜做法简易，而且与粥搭配食用，既开胃又有营养。

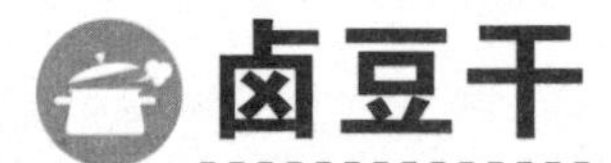

卤豆干

●材料　黑豆干6块，葱15克，姜30克

●调料　酱油20克，糖10克，甘草、桂皮、胡椒粒、八角各少许

●做法

①黑豆干洗净，沥水；葱洗净，切段；姜去皮，切片；卤料装入纱布袋中封紧备用。②锅中放入香料及酱油、糖、水，加入葱段、姜片及黑豆干，大火煮开再改小火卤50分钟，捞出，切片，排入盘中即可端出。

卤花生

●材料　花生米300克

●调料　酱油15克，八角2粒，芝麻油、冰糖各10克

●做法

①花生米洗净，泡入水中3小时，捞出，放入电饭锅煮熟，再继续焖20分钟，取出备用。②锅中放入酱油、八角、水、冰糖及花生，大火煮开后改小火再煮30分钟，盛出，淋上芝麻油即可端出。

醋泡花生米

●材料　红皮花生米300克，红椒圈30克

●调料　葱白段30克，盐5克，味精3克，陈醋20克，芝麻油10克

●做法

①红皮花生米洗净，放油锅炒熟，装盘。②把所有调味料一起放入碗内，加凉开水调匀成味汁，与花生米、红椒圈一起装盘即可。

什锦泡菜

●材料　胡萝卜、卷心菜、心里美萝卜各100克，姜末50克，大葱2根，干红椒20克

●调料　盐4克，花椒少许

●做法

①用泡菜坛盛入清水，加盐、花椒制成盐水。②将胡萝卜、卷心菜、心里美萝卜洗净，切好，和姜、葱、干红椒一并盛入坛内。③泡好倒入碗中，去盐水，整理成型即可。

芹菜拌腐竹

●材料　芹菜、腐竹各200克，红椒20克

●调料　芝麻油10克，盐3克，味精2克

●做法

①芹菜洗净，切段；红椒洗净，切圈，与芹菜一同放入开水锅内焯一下，捞出，沥干水分。②腐竹以水泡发，切段。③将芹菜、腐竹、红椒圈调入盐、味精、芝麻油一起拌匀即成。

清凉三丝

●材料　芹菜丝、胡萝卜丝、大葱丝、胡萝卜片各适量

●调料　盐、味精各3克，芝麻油适量

●做法

①芹菜丝、胡萝卜丝、大葱丝、胡萝卜片分别入沸水锅中焯熟，捞出。②胡萝卜片摆在盘底，其他材料摆在胡萝卜片上，调入盐、味精拌匀。③淋上芝麻油即可。

麻醋藕片

●材料 莲藕2节

●调料 白芝麻8克，白醋半碗，果糖6克，盐适量

●做法

①莲藕削皮、洗净、切薄片，浸于薄盐水中。②将藕片入沸水焯烫，并滴进几滴醋同煮，烫熟后捞起，用冷水冲凉，沥干。③加醋、果糖拌匀，撒上白芝麻即成。

火山降雪

●材料 西红柿250克

●调料 白糖50克

●做法

①将西红柿用清水清洗干净，切成片。②然后将西红柿摆入盘中，堆成山形。③最后撒上白糖即可食用。

红豆拌西蓝花

●材料 熟大红豆40克，西蓝花25克，洋葱10克

●调料 橄榄油3克，柠檬汁少许

●做法

①洋葱剥皮，洗净切丁，泡水。②西蓝花洗净切小朵，焯水，捞起，泡冰水备用。③橄榄油、柠檬汁调成酱汁备用。④洋葱沥干放入锅，加入西蓝花、熟大红豆、酱汁混合拌匀即可。

凉拌西瓜皮

●材料　西瓜皮500克，蒜泥2克

●调料　盐8克，植物油15克，花椒2克

●做法

①将西瓜皮洗净，削去外皮，片去瓜瓤，切成细条。②将西瓜皮放入碗内，加入少许盐、凉开水，腌制10分钟，挤干水分，装盘；花椒洗净；蒜泥放入盘内。③油烧至七成热，放入花椒，炸出香味，用漏勺去花椒，将热油淋在西瓜条上，拌匀即可食用。

风味海白菜

●材料　鲜海白菜500克

●调料　精盐5克，味精2克，芝麻油50克

●做法

①将海白菜去杂质洗净，放入沸水锅内焯透，然后沥干水分切片，放入盘内。②最后加入精盐、味精、芝麻油，拌匀即成。

折耳根拌腊肉

●材料　腊肉300克，折耳根200克，香菜段5克

●调料　盐5克，鸡精2克，花椒油、辣椒油、辣椒面、蒜蓉、陈醋各5克

●做法

①将折耳根洗净择成小段。②腊肉洗净切片，下入八成热油温中过油后，捞出。③将腊肉、折耳根、香菜段、蒜蓉和所有调味料一起拌匀即可。

雪里蕻毛笋

●材料 雪里蕻、毛竹笋各200克

●调料 盐2克，味精1克，醋5克，红椒适量

●做法

①雪里蕻洗净，切碎段，用热水焯过后，晾干备用；毛竹笋、红椒均洗净，切成长条，用沸水焯熟。②将雪里蕻、毛竹笋、红椒均放入盘中。③加入盐、味精、醋拌匀即可。

红油拌肚丝

●材料 猪肚500克，葱花少许

●调料 酱油25克，辣椒油（红油）15克，芝麻油10克，盐、味精、白糖各少许

●做法

①猪肚择净浮油，洗净，入开水锅中煮熟捞出。②待猪肚晾凉，切成3厘米长的细丝待用。③取酱油、辣椒油、芝麻油、盐、味精、白糖、葱花兑汁调匀，淋在肚丝上，拌匀即成。

香菇拌豆角

●材料 嫩豆角300克，香菇60克，玉米笋100克

●调料 酱油10克，白糖、盐各少许

●做法

①香菇泡发，切丝，煮熟，晾凉。②将豆角洗净切段，烫熟。③将玉米笋洗净切成细丝，焯水放入盛豆角段的盘中，再将煮熟的香菇丝放入，加入盐、白糖拌匀，腌20分钟，淋上酱油即可。

鸡丝海蜇

●**材料** 鸡肉200克，海蜇100克，香菜梗、红椒、葱花、姜丝各适量

●**调料** 盐3克，辣椒油适量

●**做法**

①将鸡肉煮熟后，捞出撕丝，加盐拌匀。②将海蜇丝入沸水中稍焯后，捞出放入清水中泡1个小时左右，用香菜梗、葱花、姜丝、辣椒油拌匀。③再将鸡丝放置在海蜇丝上摆好即可。

卤猪肝

●**材料** 猪肝1000克

●**调料** 料酒、酱油各50克，姜5克,冰糖70克，盐3克，桂皮、八角、丁香各适量

●**做法**

①猪肝洗净，用盐腌渍，汆水，沥干。②将锅置火上，倒入清水和所有调味料制卤水，待卤水成捞出渣物，放入猪肝，用小火煮30分钟。③将卤好的猪肝取出，冷却后切片装盘。

猪肝拌黄瓜

●**材料** 猪肝300克，黄瓜200克，香菜段20克

●**调料** 盐、酱油各5克，醋3克，味精2克，芝麻油适量

●**做法**

①黄瓜洗净，切条。②猪肝洗净切片，焯水，捞出沥干。③将黄瓜摆在盘内，放入猪肝、盐、酱油、醋、味精、芝麻油，撒上香菜段，拌匀即可。

蒜苗拌鸭片

●材料 鸭肉、蒜苗各250克

●调料 白糖、红尖椒各5克，料酒、芝麻油各10克，盐适量

●做法

①鸭肉洗净煮熟，待凉后去骨切薄片。②蒜苗和红尖椒分别洗净，蒜苗切斜段，尖椒切丝，入沸水中烫至熟后，捞出备用。③鸭肉片放入碗中，加白糖、料酒调拌匀，再加入盐、蒜苗和红尖椒拌匀，淋上芝麻油即可。

凉拌牛百叶

●材料 水发牛百叶300克，香菜1棵

●调料 盐5克，白胡椒粉、醋、味精各少许

●做法

①水发牛百叶洗净，切成片；香菜洗净，切段。②将切好的牛百叶片放入沸水中焯一下，捞出晾凉。③将牛百叶与香菜段盛入盘中，加入所有调味料拌匀即可。

豆豉牛百叶

●材料 牛百叶800克，豆豉适量

●调料 盐4克，白糖15克，酱油8克，料酒、葱段、姜块、葱白丝、甜椒丝、辣椒油各适量

●做法

①牛百叶洗净。②把牛百叶、料酒、葱段、姜块同放至开水中稍煮，捞出切片；油锅烧热，放豆豉加盐、白糖、酱油、辣椒油炒好，淋在牛百叶上，撒上葱白丝和甜椒丝即可。

麻辣牛肉

●材料　牛肉300克，葱10克，蒜、生姜各5克

●调料　花椒油、辣椒油、盐各5克，味精3克，卤水、芝麻油各适量

●做法

①将牛肉洗净入沸水中焯去血水，再入卤水中卤至入味，捞出。②卤入味的牛肉块待冷却后切成薄片。③将牛肉片装入碗内，加入所有调味料一起拌匀即可。

拌鸡胗

●材料　鸡胗300克，葱20克，蒜10克

●调料　花椒油5克，味精、辣椒油、盐、卤水各适量

●做法

①将鸡胗洗净，放入烧沸的卤水中卤至入味。②取出鸡胗，待凉后切成薄片；葱洗净切圈；蒜洗净剁成蓉。③将鸡胗装入碗中，加入所有调味料一起拌匀即可。

盐水鸭

●材料　光鸭500克，葱段10克，姜5克

●调料　盐20克，味精3克，花雕酒10克，胡椒粉2克

●做法

①将鸭肉洗净，用调味料和切成片的姜、葱段腌渍2小时。②锅置火上，加入水和盐，烧开后将腌好的光鸭煮15分钟，盖上盖浸泡至熟。③再将熟鸭肉取出，斩成块装盘即可。

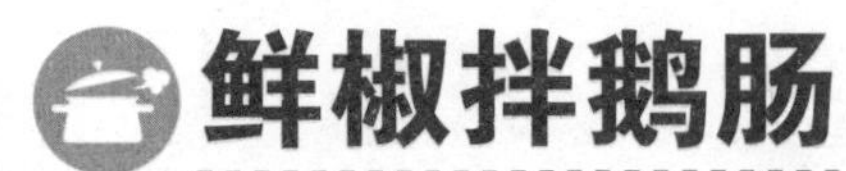

●**材料** 鹅肠250克，黄瓜200克，芹菜100克

●**调料** 红椒丁、葱花各20克，辣椒油、盐各3克

●**做法**

①鹅肠洗净，切小段，汆水，捞起沥干；黄瓜洗净切薄片，芹菜去叶，洗净切小段，与鹅肠摆盘。②烧热油，下红椒丁、葱花和其他调味料爆香，淋于鹅肠、瓜片上即可。

手撕腊鱼

●**材料** 腊鱼500克，葱花10克

●**调料** 盐5克，味精3克

●**做法**

①将腊鱼放入水中浸泡至软后，洗净捞出。②锅上火加水烧沸，下入腊鱼蒸至熟软。③将蒸熟的腊鱼取出，待凉后，用手撕成小条，放入盐和味精拌匀，撒上葱花即可。

拌河鱼干

●**材料** 河鱼干200克，干椒段20克，葱花10克，蒜蓉5克

●**调料** 盐5克，味精3克

●**做法**

①河鱼干洗净，下入油锅炸至酥脆后捞出，沥油装盘。②油烧热，下入干椒段、蒜蓉、葱花炒香，取出待用。③将河鱼干装入碗内，加入炒好的干椒和盐、味精一起拌匀即可。

拌虾米

●材料 虾米300克，葱10克，红椒20克，姜10克

●调料 盐5克，鸡精2克

●做法

①将红椒洗净，去蒂去籽，切成小片焯水备用；姜去皮切成片；葱洗净切成圈。②锅加热，下入虾米焙香后，取出装入碗内。③在虾米碗内加入红椒片、姜片、葱花及所有调味料，一起拌匀即可。

老醋蜇头

●材料 海蜇头200克，黄瓜50克，红椒片适量

●调料 盐、醋、生抽、辣椒油各适量

●做法

①黄瓜洗净，切片，排于盘中；海蜇头洗净；红椒片焯水待用。②锅内注水烧沸，放入海蜇头焯熟，捞起沥干放凉并装入碗中，再放入红椒。③碗中加入盐、醋、生抽、辣椒油拌匀，再倒入排有黄瓜的盘中即可。

酱汁剥皮鱼

●材料 剥皮鱼500克，葱花、蒜蓉、姜末各5克，红椒10克

●调料 老抽、料酒、盐各5克，酱油、味精各3克

●做法

①剥皮鱼去头和内脏，洗净。②将剥皮鱼下入油中炸至金黄色，捞出。③将所有调味料及余下材料调拌成酱汁，放入剥皮鱼中拌匀即可。

炒肚丝

●**材料** 猪肚500克，葱50克

●**调料** 盐5克，味精2克，辣椒油适量

●**做法**

①猪肚洗净，切丝；葱洗净，切花。②热锅下油，放入猪肚丝炒熟。③加入盐和味精，炒匀后，加入葱花和辣椒油炒匀，出锅即可。

木瓜炒银芽

●**材料** 木瓜250克，豆芽200克

●**调料** 盐3克，芝麻油10克，味精5克

●**做法**

①将木瓜洗净，去皮，掏净籽，切成小长条备用；豆芽洗净，掐去头尾备用。②炒锅内放底油烧热，加入木瓜和豆芽，并放入盐和味精，一起翻炒至熟，淋上芝麻油，即可装盘。

黄瓜炒木耳

●**材料** 水发木耳50克，黄瓜200克

●**调料** 盐、淡色酱油、味精、芝麻油、白糖各适量

●**做法**

①将黄瓜洗净，切片，加盐腌10分钟左右，装入盘中。②将所有调味料调成味汁。③将木耳洗净，撕成小片，入油锅中与黄瓜一起炒匀，再加入调味汁炒入味即可。

香菇豆腐丝

●材料　豆腐丝200克，香菇6个

●调料　白糖、盐各适量，红椒丝少许

●做法

①豆腐丝洗净稍烫，捞出切段，放盘内，加盐、白糖拌匀。②香菇洗净泡发，切丝。③油烧热，入香菇丝和辣椒丝炒香，然后倒在腌过的豆腐丝上，拌匀。

咖喱肉片炒菜花

●材料　四季豆、菜花各200克，瘦肉250克，咖喱粉20克

●调料　盐4克，蒜末15克，淀粉20克

●做法

①将四季豆洗净，切段；菜花洗净，切块，入沸水焯烫片刻，捞起沥干水；瘦肉洗净切片，放入碗中加盐、淀粉腌渍入味。②起油锅，入蒜末爆香，放入四季豆、菜花、瘦肉翻炒片刻，调入盐、咖喱粉炒熟。

蒸白菜

●材料　白菜500克，香菇2朵，虾米、火腿适量

●调料　盐5克，葱段、胡椒粉各少许

●做法

①香菇、虾米泡软洗净；白菜洗净；火腿切片；香菇洗净切片。②将香菇与火腿夹在白菜叶间，入蒸盘，将虾米放在上面，加盐、胡椒粉调味。③放入蒸锅，加入葱段蒸熟即可。

红枣蒸南瓜

●材料　老南瓜500克，红枣10粒

●调料　白糖10克

●做法

①将南瓜洗净削去硬皮，去瓤后切成厚薄均匀的片；红枣泡发洗净备用。②将南瓜片装入盘中，加入白糖拌匀，摆上红枣。③蒸锅上火，放入备好的南瓜，蒸约30分钟，至南瓜熟烂即可出锅。

青红椒黄豆

●材料　黄豆400克，红辣椒、青辣椒各2个

●调料　盐5克，鸡精3克，蒜片、姜末各适量

●做法

①红辣椒、青辣椒洗净后切丁。②锅中水煮开后，放入黄豆过水煮熟，捞起沥水。③锅中留油，放入蒜片、姜末爆香，加入黄豆、红辣椒、青辣椒炒熟，调入盐、鸡精炒匀即可。

豉香青豆

●材料　青豆100克，红尖椒、香菜段各适量

●调料　豆豉、盐、芝麻油、味精各适量

●做法

①青豆洗净后入沸水锅略烫捞出；红尖椒洗净切片。②锅内加油烧热，加入豆豉煸香，加青豆、盐、味精炒匀炒熟，淋上芝麻油，最后以红尖椒、香菜段点缀即可。

农家小香干

●材料　香干200克，香芹150克

●调料　盐、生抽各5克，辣椒粉、干红椒段各适量

●做法

①香干洗净，切丝；香芹洗净，切段，焯水，捞出沥干。②锅中注油烧热，下香干翻炒至断生，加入香芹、辣椒粉、生抽和干红椒段炒至熟。③加盐调味，炒匀即可。

酱汁豆腐

●材料　石膏豆腐250克，生菜20克

●调料　淀粉、西红柿汁、红醋、白糖各适量

●做法

①豆腐洗净，切条，均匀裹上淀粉；生菜洗净垫入盘底。②热锅下油，入豆腐条炸至金黄色，捞出放在生菜上；再热油，放入西红柿汁炒香，加入少许水、红醋、白糖，用淀粉勾芡，起锅淋在豆腐上即可。

炒素什锦

●材料　竹笋100克，西蓝花50克，木耳、胡萝卜各30克

●调料　盐3克，姜片少许

●做法

①竹笋洗净切片；西蓝花洗净切小朵；木耳洗净；胡萝卜洗净切片。②油锅烧热，入姜片炸香，将竹笋、西蓝花、木耳、胡萝卜放入翻炒至熟。③放入盐炒匀，装盘。

家乡笋尖

●材料　竹笋150克，红辣椒30克，莲藕50克，橄榄菜40克

●调料　葱10克，盐、醋、料酒各适量

●做法

①竹笋洗净切成条状；红辣椒洗净切条；葱洗净切段；莲藕洗净，切片。②油锅烧热，放入莲藕、竹笋炒熟，放入红辣椒、葱段、橄榄菜炒香。③放入盐、料酒、醋炒匀后装盘即可。

小笋炒泡菜

●材料　竹笋200克，橄榄菜、泡菜各50克

●调料　蒜片、红辣椒各10克，醋3克，盐2克，葱段少许

●做法

①竹笋洗净切碎片；橄榄菜、泡菜洗净切丝；辣椒洗净切圈。②油锅热后，放蒜片、红辣椒炒香；再将笋片、橄榄菜、泡菜和葱段放入翻炒。③放入盐、醋炒匀即可装盘。

干切咸肉

●材料　咸肉400克

●调料　盐2克，醋、生抽、芝麻油各适量

●做法

①洗净咸肉上的腌料，切片后放入盘中，上笼蒸熟后取出。②用盐、醋、生抽、芝麻油调成味汁，蘸食即可。

榨菜肉丝

●材料　猪里脊肉200克，榨菜50克

●调料　葱段15克，盐3克，料酒5克，水淀粉10克，味精少许

●做法

①猪肉洗净切成丝，加盐、料酒、水淀粉上浆。②榨菜洗净，切成细丝。③炒锅置旺火上，下油烧至油面起青烟时放入肉丝炒散，捞出沥油；再将榨菜丝放入炒几下，再放入肉丝、葱段炒匀炒熟，加盐、味精调味即成。

冬笋腊肉

●材料　冬笋150克，腊肉250克，蒜苗段、红椒片各50克

●调料　盐、水淀粉、辣椒油各少许

●做法

①冬笋、腊肉洗净，切片。②锅置炉上，将冬笋、腊肉汆水，捞起；锅内留油，下腊肉煸香，盛出。③油烧热，下冬笋、红椒片，调入盐翻炒，下煸好的腊肉、蒜苗，用水淀粉勾少许芡，淋辣椒油，出锅装盘。

蒜薹炒肉

●材料　肉丝、蒜薹各200克

●调料　酱油5克，淀粉8克，盐适量

●做法

①肉丝用淀粉、盐抓匀码味；蒜薹洗净切段。②将酱油 、水、淀粉调成芡汁。③油烧热，将蒜薹稍炒，盛出。④ 油烧热，下入肉丝煸炒，下蒜薹炒匀，倒入芡汁勾芡即成。

酸豆角肉末

●**材料** 猪瘦肉300克，酸豆角200克

●**调料** 盐3克，醋10克，红辣椒、葱各适量

●**做法**

①猪肉洗净，切成肉末；酸豆角洗净，切成丁；红辣椒、葱洗净，切段。②炒锅置于火上，注油烧热，放入肉末翻炒，再加入盐、醋继续拌炒至肉末熟，放入酸豆角、红辣椒、葱段翻炒至熟，起锅装盘即可。

脆黄瓜皮炒肉泥

●**材料** 黄瓜皮300克，猪肉100克，红椒50克，蒜苗10克

●**调料** 盐3克，醋3克

●**做法**

①黄瓜皮洗净；猪肉洗净，剁成肉泥；红椒洗净切成圈状；蒜苗洗净，切段。②炒锅倒油烧热，下入红椒、蒜苗炒香，加入肉泥、黄瓜皮翻炒。③调入醋煸炒，加入盐略炒即可。

大白菜粉丝盐煎肉

●**材料** 大白菜、五花肉各100克，粉丝50克

●**调料** 盐3克，酱油10克，葱花8克

●**做法**

①大白菜洗净切块；粉丝泡软；五花肉洗净切片，用盐腌10分钟。②油锅烧热，下肉炒变色，下白菜炒匀。③加粉丝、水、酱油、盐拌匀，大火烧开焖至汤汁浓稠，撒上葱花即可。

咸鱼蒸肉饼

●材料　肉末300克，咸鱼30克

●调料　盐2克，味精3克，姜、葱各5克

●做法

①咸鱼洗净，切成碎粒；姜、葱洗净，均切末；肉末加调味料拌匀。②取一平底碗，将肉末盛入碗内，上按咸鱼粒。③将咸鱼肉饼入锅中蒸至熟，取出，撒上姜末、葱花即可。

玉米粒煎肉饼

●材料　猪肉500克，玉米粒200克，青豆100克

●调料　盐3克，水淀粉适量

●做法

①猪肉洗净，剁成蓉；玉米粒洗净备用；青豆洗净备用。②将猪肉与水淀粉、玉米、青豆混合均匀，加盐，搅匀后做成饼状。③锅下油烧热，将肉饼放入锅中，用中火煎炸至熟，捞出控油摆盘即可。

泡豆角排骨

●材料　泡豆角50克，排骨400克，干辣椒段、红椒片各适量

●调料　盐3克，酱油12克

●做法

①泡豆角洗净，切段；排骨洗净剁成块氽熟。②锅中注油烧热，放入排骨煎至变色，再放入豆角、干辣椒、红椒炒匀，倒入酱油炒至熟后，调入盐，起锅装盘即可。

陈皮牛肉

●**材料** 牛肉250克，陈皮30克

●**调料** 干辣椒段25克，葱花、熟芝麻各10克，盐、料酒、鸡精、老抽各适量

●**做法**

①牛肉洗净，切片，用料酒、盐、老抽腌渍片刻；陈皮浸泡洗净，沥干。②锅中油烧热，下入干辣椒爆香，再倒入牛肉翻炒，加入鸡精、陈皮同炒至熟。③撒上熟芝麻和葱花即可。

胡萝卜焖牛杂

●**材料** 胡萝卜50克，牛肚、牛心、牛肠各20克

●**调料** 盐、味精、鸡精、糖、花椒油、蚝油、辣椒酱各适量

●**做法**

①将牛肚、牛肠、牛心收拾干净，煮熟后切段；胡萝卜洗净切成三角形状，下锅焖煮。②待胡萝卜快熟时倒入其他材料及调味料焖熟，起锅后蘸辣椒酱食用。

小鱼花生

●**材料** 小鱼干300克，熟花生100克，红椒丁少许

●**调料** 蒜片、葱段各适量，盐5克

●**做法**

①小鱼干洗净，捞出沥干。②锅中注油烧热，放入小鱼干炸至酥，捞出沥油。③锅中留少许油，放入葱段、蒜片炒香，再倒入小鱼干，调入盐、红椒丁炒匀，最后加入熟花生米即可。

青红椒炒虾仁

●材料 虾仁200克，青椒、红椒各100克，鸡蛋1个

●调料 盐、胡椒粉、淀粉各少许

●做法

①青、红椒洗净，切丁备用；鸡蛋打散，搅拌成蛋液。②虾仁洗净，放入鸡蛋液、淀粉、盐码味后过油，捞起待用。③锅内留油少许，下青、红椒炒香，再放入虾仁翻炒入味，起锅前放入胡椒粉、盐调味即可。

草菇虾仁

●材料 虾仁300克，草菇150克，胡萝卜100克

●调料 盐3克，淀粉、料酒各适量

●做法

①虾仁洗净后沥干，拌入调味料腌10分钟。②草菇洗净，焯烫；胡萝卜洗净去皮切片。③油烧热，放入虾仁过油，捞出，余油倒出，另用油炒胡萝卜片和草菇，将虾仁回锅，加入调味料炒匀，盛出即可。

玉米炒虾仁

●材料 罐头玉米粒200克，虾仁110克，青豆75克

●调料 盐2克，淀粉水10克，葱末少许

●做法

①玉米罐头打开；青豆洗净；虾仁挑去肠泥，洗净。②虾仁放入开水中氽烫，捞出，沥干。③锅中倒油烧热，爆香葱末，放入玉米粒、虾仁、青豆及盐炒匀，加入淀粉水勾芡即可。

韭菜煎鸡蛋

●材料 鸡蛋4个，韭菜150克

●调料 盐、味精各3克

●做法

①韭菜洗净，切成碎末备用。②鸡蛋打入碗中，搅散，加入韭菜末、盐、味精搅匀备用。③锅置火上，注入油烧热，将备好的鸡蛋液入锅中煎至两面金黄色即可。

苦瓜炒蛋

●材料 苦瓜1条，鸡蛋2个

●调料 盐2克，白糖1克，胡椒粉少许，淀粉5克

●做法

①苦瓜洗净，切片，烫熟捞起沥干水。②鸡蛋打入碗中，加入调味料和苦瓜拌匀。③热锅下油，将鸡蛋苦瓜液倒入锅中，慢火炒至鸡蛋表面没有水分即可。

虾仁炒蛋

●材料 虾仁、鸡蛋、春菜各适量

●调料 盐2克，淀粉10克

●做法

①虾仁洗净装碗内，调入淀粉、盐拌匀；春菜洗净，去叶留茎切细片。②鸡蛋打入碗内，调入盐拌匀。③油烧热，锅底倒入蛋液煎片刻，放入春菜、虾仁，略炒至熟，出锅即可。